风机机械定检

FENGJI JIXIE DINGJIAN

王彩英　呼吉亚　主编

巩 真　班淑珍　张晓晖　副主编

马宏革　主审

化学工业出版社

·北京·

本书主要讲述了风力发电机组的结构及工作原理，以及各部分检查维护的内容、方法、操作步骤和注意事项等。本书从工作岗位的实践操作技能入手，分析了机械零件发生故障的原因及对策，介绍了风力发电机组的润滑系统，重点讲解了风力发电机组的定期检查与维护。

本书对风电行业的从业人员与职业教育风电专业的学生具有很好的指导作用。

图书在版编目（CIP）数据

风机机械定检/王彩英，呼吉亚主编 . —北京：化学工业出版社，2019.8

ISBN 978-7-122-34551-6

Ⅰ.①风… Ⅱ.①王…②呼… Ⅲ.①风力发电机-发电机组-故障诊断 Ⅳ.①TM315

中国版本图书馆 CIP 数据核字（2019）第 096088 号

责任编辑：刘 哲　　　　　　　　　装帧设计：韩 飞
责任校对：宋 玮

出版发行：化学工业出版社（北京市东城区青年湖南街 13 号　邮政编码 100011）
印　　装：三河市延风印装有限公司
787mm×1092mm　1/16　印张 10½　字数 254 千字　2020 年 1 月北京第 1 版第 1 次印刷

购书咨询：010-64518888　　　　　　售后服务：010-64518899
网　　址：http://www.cip.com.cn

凡购买本书，如有缺损质量问题，本社销售中心负责调换。

定　　价：**32.00** 元

前　言

　　本书是校企合作教材，紧扣高职高专职业教育的培养目标，按照实用、够用、做中学、学中做的原则，从理论到实践，实现技能的层层递进，突出专业教材的特色。本书也是风力发电工程技术专业现代学徒制的教学成果，内容上结合企业在实践过程中的定检手册与实践操作技能，从岗位能力出发，为学员提供从理论到实践的跨越，突出岗位能力培养。本书以岗位技能为典型工作任务，为学习岗位技能课程奠定基础，实现典型工作任务与职业素养和职业能力的有机对接，能够促进学员综合素质的全面提高，有助于技术技能型人才的培养。

　　因为机械零件的故障大多数来自于零件之间的磨损，因此本书从机械零件的故障出发，分析了机械零件发生故障的原因及对策。良好的润滑是改善磨损、减小故障的一种手段，本书分析了风力发电机组的润滑系统。由于有磨损、润滑、密封等要求，风力发电机组需要定期检查与维护，延长风机的使用寿命，本书对此进行了详细介绍。全书主要讲述了SL1500型风力发电机组的结构及工作原理，各部分检查维护的内容、方法、操作步骤、注意事项等。

　　本书的编写得到了北京优利康达科技有限公司的大力支持，从教材的编写大纲和任务的确定，都有该公司领导和技术骨干的大力支持和帮助，在此表示感谢。

　　本书可以作为高职学生的专业教材，也可以作为风电场企业员工的培训教材。

　　本书由包头轻工职业技术学院能源工程学院王彩英、呼吉亚担任主编，巩真、班淑珍、张晓晖担任副主编。全书分10个项目，王彩英编写

项目 1 和项目 6，呼吉亚编写项目 5 和项目 9，巩真编写项目 4 和项目 7，班淑珍编写项目 2 和项目 3，张晓晖编写项目 8 和项目 10。全书由王彩英统稿，马宏革主审。包头轻工职业技术学院的海淑萍、曹琳、刘利平、王泽、卢尚工、张晓燕、丁丽娜、佟翔、刘艳辉、张存盛、张显晖，北京优利康达科技有限公司的王科琪、李文敏、王小刚、张高中也参与了编写工作。

本书在编写过程中得到了领导的大力支持，他们对教材的内容和项目的选用提出了很多宝贵的意见和建议，对提高教材的质量起了很大的作用，在此一并表示感谢。

由于编写作者水平有限，教材中难免有不妥之处，敬请读者批评指正。

编者
2019 年 10 月

目　录

项目1

机械磨损与润滑

【任务描述】

机械设备技术指标有时达不到设计要求或不能使用了，就出现了机械故障，首先要了解机械故障的概念及种类。

在机械设备中，大约有80％的零件因磨损而失效报废。磨损是不可避免的，要了解机械磨损的规律和种类，从各方面采取措施减小磨损。

风力发电机组的工作环境恶劣，经常发生零件的变形与腐蚀，要采取积极有效的预防措施，减少此类故障的发生。

【任务目标】

①　了解机械故障的概念及规律。

②　了解机械故障的种类。

③　了解磨损的种类和影响磨损的因素。

④　了解零件的变形、断裂、腐蚀的原因及预防措施。

1.1.1　机械故障

（1）机械故障的概念

机械故障，是指机械系统（零件、组件、部件、整台设备或一系列设备组合）丧失了它所要求的性能和状态。机械发生故障后，其技术指标就会显著改变而达不到规定的要求。

机械故障的概念，不能简单地理解为物质形态"损坏"，也不能简单地理解为设备不能继续使用。性能下降到设计标准以下，状态、老化等原因，都会带来机械故障，如原动机功率降低，传动系统失去平衡，噪声增大，温度上升，工作机构能力下降，润滑油的消耗增加等，都属于机械故障的范畴。通常见到的发动机发动不起来、设备制动不灵等现象，都是机械故障的表现形式。

机械故障表现在机械结构上，主要是零部件损坏和部件之间相互关系的破坏，如零件的断裂、变形，配合件的间隙增大或过盈丧失，固定和紧固装置松动和失效等。

（2）机械故障的类型

① 按引发故障的时间性分类　机械故障按故障发生的时间性分为渐发性故障、突发性故障和复合型故障。

a. 渐发性故障　渐发性故障是由机械产品参数的劣化过程（磨损、腐蚀、疲劳、老化）逐渐发展而形成的，是通过事先测试和监控可以预测到的故障。设备劣化是指设备在使用或闲置过程中逐渐丧失原有性能，或与原新型设备相比性能较差，显得旧式化的现象。设备劣化周期如图 1-1 所示。

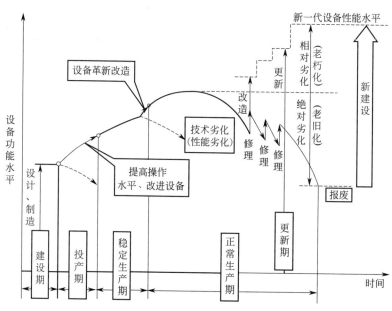

图 1-1　设备劣化周期图

渐发性故障的主要特点是故障发生可能性的大小与使用时间的长短有关，使用的时间越长，发生故障的可能性就越大，大部分机器的故障都属于这类故障。这类故障只是在机械设备的有效寿命的后期才明显地表现出来。这种故障一经发生，就标志着机器、设备寿命的终结，需要进行大修。由于这种故障是渐发性的，所以它是可以预测的。

b. 突发性故障　突发性故障是由各种不利因素和偶然的外界影响共同作用的结果。这种故障发生的特点是具有偶然性，是通过事先测试或监测不能预测到的故障，但它一般容易排除。这类故障的例子有：因润滑油中断而零件产生热变形裂纹，因机械使用不当或出现超负荷现象而引起零件折断，因各参数达到极限值而引起零件变形和断裂等。

c. 复合型故障　复合型故障包括了上述两种故障的特征。其故障发生的时间是不确定的，并与设备的状态无关，而设备工作能力耗损的速度则与设备工作能力耗损的性能有关。

如由于零件内部存在着应力集中，当机器受到外界较大冲击后，随着机器的继续使用，就可能逐渐发生裂纹。

② 按故障出现的情况分类　机械故障按故障出现的情况可分为实际（已发生）故障和潜在（可能发生）故障。

a. 实际故障　实际故障是指机械设备丧失了它应有的功能，或参数（特性）超出规定的指标，或根本不能工作，也包括机械加工精度被破坏，传动效率降低，速度达不到标准值等。

b. 潜在故障　潜在故障是指对运行中的设备如不采取预防性维修和调整措施，再继续使用到某个时候将会发生的故障。潜在故障和渐发性故障是相互联系的，当故障在逐渐发展但尚未在功能和特性上表现出来，而同时又接近萌芽阶段时，即认为也是一种故障现象，并称之为潜在故障。例如零件在疲劳破坏过程中，其裂纹的深度是逐渐扩展的，同时其深度又是可以探测的，当探测到裂纹扩展的深度已接近于允许的临界值时，便认为是存在潜在故障，必须按实际故障一样来处理。

③ 一般机械的故障规律　机械在运行中发生故障的可能性随时间而变化的规律称为一般机械的故障规律。故障规律曲线如图 1-2 所示，根据曲线的形状，此曲线也称为"浴盆曲线"，图示中横坐标为使用时间，纵坐标为失效率。

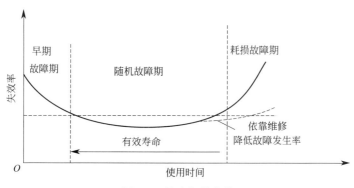

图 1-2　故障规律曲线

故障规律曲线主要分为三个阶段：第一阶段为早期故障期，即由于设计、制造、保管、运输等原因造成的故障，因此故障率一般较高，经过运转、磨合、调整，故障率将逐渐下降并趋于稳定；第二阶段为正常运转期，也称随机故障期，此时设备的零件都未达到使用寿命，不易发生故障，在严格操作、加强维护保养的情况下，故障率很小，这一阶段为机械的有效寿命；第三阶段为耗损故障期，由于零部件的磨损、腐蚀以及疲劳等原因造成故障率上升，这时如加强维护保养，及时更换即将到达寿命周期的零部件，则可使正常运行期延长，但如维修费过高，则应考虑设备更新。

从设备使用者的角度出发，对于曲线所表示的早期故障率，由于机械在出厂前已经充分调整，可以认为已基本得到消除，因而可以不必考虑；随机故障通常容易排除，且一般不决定机器的寿命；唯有耗损故障才是影响机械有效寿命的决定因素。

1.1.2　机械磨损及其分类

在机械设备使用过程中，机械故障最显著的特征是构成机器的各个组成零件或部件间配合的被破坏，如活动连接的间隙、固定连接的过盈等的破坏。这些破坏主要是由于零件过早磨损的结果，因此，研究机器故障应首先研究典型零件及其组合的磨损。零件表面磨损是机械零件失效的主要模式。

据估计，世界上的能源消耗中有1/3到1/2是由于摩擦和磨损造成的。一般机械设备中约有80%的零件因磨损而失效报废。摩擦是不可避免的自然现象，磨损是摩擦的必然结果，两者均发生于材料表面。磨损是一种微观的、动态的过程，在这个过程中，零件不仅发生外形和尺寸的变化，还会发生其他各种物理、化学和机械的变化。

两相互接触产生相对运动的摩擦表面之间的摩擦，将产生阻止机件运动的摩擦阻力，引起机械能量的消耗，并转化为热量，使机件产生磨损。通常将磨损分为黏着磨损、磨料磨损、疲劳磨损、腐蚀磨损和微动磨损五种形式。

(1) 黏着磨损

两接触表面有摩擦时，在接触点产生瞬间高温（达1000℃以上且可持续千分之几秒的时间），引起两种金属发生"黏着"。当构成摩擦副的两个摩擦表面相互接触并发生相对运动时，由于黏着作用，接触表面的材料从一个表面转移到另一个表面所引起的磨损，称为黏着磨损。

① 黏着磨损的机理 两个金属零件表面的接触，实际上是微凸体之间的接触，实际接触面积很小，仅为理论接触面积的1/1000到1/100，所以载荷不大时，单位面积的接触应力也很大。如果当这一接触应力大到足以使微凸体发生塑性变形，并且接触处很干净时，那么两个零件的金属面将直接接触而产生黏着。而当摩擦表面发生相对滑动时，黏着点在切应力作用下变形以致断裂，造成接触表面的损伤破坏。如果黏着点的黏着力足够大，超过摩擦接触点两材料之一的强度，则材料就会从该表面上被扯下，使材料从一个表面转移到另一个表面，通常这种材料的转移是由较软的表面迁移到较硬的表面上。在载荷和相对运动作用下，两接触表面重复产生黏着—剪断—再黏着的循环过程，使摩擦表面温度显著升高，油膜破坏，严重时表层金属局部软化或融化，接触点产生进一步黏着。因此在金属件的摩擦中，黏着磨损是剧烈的，常常会导致摩擦副灾难性的破坏，应加以避免。但是，在由金属件和聚合物件构成的摩擦副中，摩擦时聚合物会转移到金属表面上形成单分子层，凭借聚合物的润滑特性，可以提高金属件的耐磨性，此时黏着磨损起到了有益的作用。

② 黏着磨损的分类 根据零件摩擦表面的破坏程度，黏着磨损分为五大类，见表1-1。

表1-1　黏着磨损的分类

类别	破坏现象	损坏原因	实例
轻微磨损	剪切破坏发生在黏着结合面上，表面转移的材料极轻微	黏着结合强度比摩擦副的两基体金属都弱	轴与滑动轴承、缸套与活塞环
涂抹	剪切破坏发生在离黏着结合面不远的较软金属层内，软金属涂抹在硬金属表面	黏着结合强度大于较软金属的抗剪强度	主轴轴颈与巴氏合金轴瓦、重载蜗杆副
擦伤	剪切破坏，主要发生在软金属的亚表层内，有时硬金属的亚表面也有划痕	黏着结合强度比两基体金属抗剪强度都高，转移到硬面上的黏着物质又拉削软金属表面	减速器齿轮副表面、内燃机铝活塞壁与缸体
撕脱	剪切破坏发生在摩擦副一方或两方金属较深处	黏着结合强度大于任一基体金属的剪切强度，剪切应力高于黏着结合强度	主轴-轴瓦
咬死	摩擦副之间咬死，不能相对运动	黏着结合强度比任一基体金属的抗剪强度都高，且黏着区域大，切应力低于黏着结合强度	齿轮泵中轴与轴承、齿轮副、不锈钢螺栓与螺母

③ 影响黏着磨损的因素

a. 摩擦表面的状态　这主要指表面自然洁净程度和表面粗糙度。摩擦表面越洁净、光滑，越可能发生表面的黏着。因此应当尽可能使摩擦表面有较多的吸附物质、氧化物层和润滑剂。但是，温度对于金属表面氧化膜的形成也有重要影响。一些金属和合金，如不锈钢，随着温度的升高，可能形成足够厚的保护性氧化膜，使抗黏着力增强，磨损降低。

b. 摩擦表面材料的成分和金相组织　材料成分和金相组织相近的两种金属材料之间最容易发生黏着磨损。这是因为两摩擦表面的材料形成固溶体的倾向强烈，因此，作为摩擦副的材料应当是形成固溶体倾向最小的两种材料，即应选用不同材料成分和晶体结构的材料。此外，金属间化合物具有良好的抗黏着磨损性能，因此也可选用易于在摩擦表面形成金属间化合物的材料。如果这两个要求都不能满足，则通常在摩擦表面覆盖铅、锡、银、铟之类的软金属或合金，这些都是能有效抗黏着磨损的材料。

（2）磨料磨损

磨料磨损又称磨粒磨损。它是当摩擦副的接触表面之间存在着硬质颗粒，或者当摩擦副材料一方的硬度比另一方的硬度大得多时，所产生的一种类似金属切削过程的磨损，其特征是在接触面上有明显的切削痕迹。磨料磨损是十分常见又危害最严重的一种磨损。它的磨损速率和磨损强度都很大，致使金属设备的使用寿命大大降低，能源和材料大量损耗。

① 磨料磨损的机理　磨料磨损的机理有以下几种假说。

a. 微量切削　即磨料磨损主要是由于磨料颗粒沿摩擦表面进行微量切削而引起的，微量切削大多数呈螺旋状、弯曲状或环状，与金属切削加工的切屑形状类似。

b. 疲劳破坏　即磨料磨损是磨料使金属表面层受交变应力和变形，使材料表面疲劳破坏，并呈小颗粒状态从表层脱落下来。

c. 压痕破坏　即塑性较大的材料，因磨料在载荷的作用下压入材料表面而产生压痕，并从表层上挤出剥落物。

d. 断裂　即磨料压入和擦划金属表面时，压痕处的金属会产生变形，磨料压入深度达到临界值时，伴随压入而产生的拉伸应力足以产生裂纹。在擦划过程中产生的裂纹有两种主要类型，一种是垂直于表面的中间裂纹，另一种是从压痕底部向表面扩展的横向裂纹。当横向裂纹相交或扩展到表面时，便发生材料呈微粒状脱落，形成磨屑的现象。

总之，磨料磨损的机理是磨料颗粒与摩擦表面的机械作用。

② 磨料磨损的分类　根据摩擦表面所受的应力和冲击的不同，磨料磨损的形式可分为三类，如表 1-2 所示。

表 1-2　磨料磨损的形式

分　类	产　生　条　件	破　坏　形　式	实　　例
凿削式	磨料对材料表面产生高应力碰撞	从材料表面上凿削下大颗粒金属，被磨金属有较深的沟槽	挖掘机斗齿,破碎机锤头、颚板
高应力碾碎式	磨料与金属表面接触处的最大压应力大于磨料的压溃强度	一般材料被拉伤，韧性材料产生变形或疲劳，脆性材料发生裂碎或剥落	球磨机衬板与钢球,破碎机滚轮,轧碎机滚筒
低应力擦伤式	磨料作用表面的应力不超过磨料的压溃强度	材料表面产生擦伤或微小切削痕，累积磨损	球磨机的衬板、犁铧、溜槽、料仓、漏斗、料车

③ 影响磨料磨损的因素　由于磨料磨损主要是由磨料颗粒与摩擦表面的机械作用引起的，因而影响它的因素也就取决于以下两方面。

a. 磨料　磨料磨损与磨料的相对硬度、形状、大小（粒度）有密切的关系。磨料的硬度相对于摩擦面材料的硬度越大，磨损越严重；呈棱角状的磨料比圆滑状磨料的挤切能力强，磨损率高；在一定的粒度范围内，摩擦表面的磨损量随磨料尺寸的增大而按比例较快地增加，但当磨料粒度达到一定尺寸（称为临界尺寸）后，磨损量基本保持不变，如图1-3所示。这是因为磨料本身的缺陷和裂纹随着其尺寸的增大而增多，导致磨料的抗拉强度降低，易于断裂破碎。

b. 摩擦表面材料　摩擦表面材料的显微组织、力学性能（如硬度、断裂韧度、弹性模量等）与磨料磨损也有很大的关系。一定范围内，硬度越高，材料越耐磨，因为硬度反映了被磨损表面抵抗磨料压力的能力。但断裂韧度反映了材料对裂纹的产生和扩散的敏感特性，对材料的磨损特性也有重要的影响。因此必须综合考虑硬度和断裂韧度的取值，只有两者配合合理时，材料的耐磨性才最佳。而弹性模量的大小，则反映出被磨材料是否能以弹性变形的方式去适应磨料，允许磨料通过而不发生塑性变形或切削作用，避免或减轻表面材料的磨损程度。

图1-4所示为常见的工业纯金属的相对耐磨性与其弹性模量的关系。

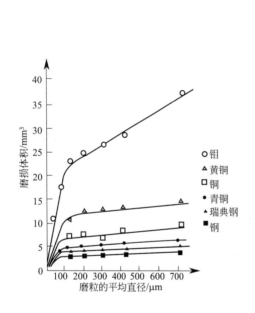

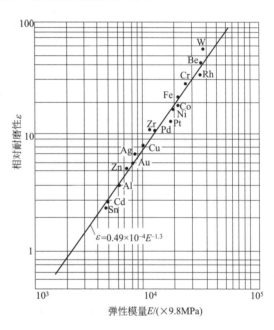

图1-3　磨料粒度与磨损的影响　　　　图1-4　工业纯金属的相对耐磨性与其弹性模量的关系

（3）疲劳磨损

疲劳磨损是摩擦表面表层材料受循环接触应力作用产生重复变形，导致裂纹产生和分离出微片或颗粒的一种磨损。

① 疲劳磨损的机理　按裂纹产生的位置不同，疲劳磨损的机理有两种情况。

a. 滚动接触疲劳磨损　在滚动接触过程中，材料表层受到周期性载荷作用，引起塑性变形，表面硬化，最后在表面出现初始裂纹，并沿与滚动方向呈小于45°倾角的方向由表向里扩展。表面上的润滑油由于毛细管的吸附作用而进入裂纹内表面，当滚动体接触到裂口处时将把裂口封住，使裂纹两侧内壁承受很大的挤压作用，加速裂纹向内扩展，在载荷的继续作用下，材料形成麻点状剥落，在表面上留下痘斑状凹坑，深度在 0.2mm 以下。

b. 滚滑接触疲劳磨损　根据弹性力学，两滚动接触物体在表面下 0.786b 处（b 为平面接触区的半宽度）切应力最大。该处塑性变形最剧烈，在周期性载荷作用下的反复变形使材料局部软化，并在该处首先出现裂纹，在滑动摩擦力引起的切向力和法向载荷引起的切应力叠加作用下，使最大切应力从 0.786b 处向表面移动，形成滚滑疲劳磨损。剥落层深度一般为 0.2～0.4mm。

② 疲劳磨损的分类　疲劳磨损根据其危害程度可分为非扩展性疲劳磨损和扩展性疲劳磨损两类。

a. 非扩展性疲劳磨损　在某些新的摩擦表面上，因接触点较少，压力较大，容易产生小麻点状的点蚀，经磨合后，接触面积扩大，实际压力降低，小麻点停止扩散。这种疲劳磨损对运动速度不高的摩擦副影响不大。

b. 扩展性疲劳磨损　当作用在两接触表面上的交变压应力较大时，由于材料塑性稍差或润滑不当，在磨合阶段就产生小麻点。在载荷继续作用下，小麻点就会发展成豆斑状坑，逐渐使零件失效。

③ 影响疲劳磨损的主要因素

a. 材质　钢中存在的非金属夹杂物，易引起应力集中，这些夹杂物的边缘最易形成裂纹，从而降低材料的接触疲劳寿命。

材料的组织状态对其接触疲劳寿命也有重要影响。通常，晶粒细小、均匀，碳化物成球状且均匀分布，都有利于提高滚动接触疲劳寿命。

硬度在一定范围内增加，其接触疲劳抗力将随之增大。此外，两接触滚动体表面硬度匹配也很重要，例如，滚动轴承中滚道与滚动体的硬度相近，或者滚动体比滚道硬度高出 10% 为宜。对于不同滚动体和不同工况，其表面硬度的匹配要求也不同，可通过试验确定。

b. 接触表面粗糙度　实验表明，适当降低表面粗糙度，可有效提高抗疲劳磨损的能力。例如，滚动轴承表面粗糙度值由 $Ra0.40\mu m$ 降低到 $Ra0.20\mu mm$，寿命可提高 2～3 倍；由 $Ra0.20\mu m$ 降低到 $Ra0.10\mu m$，寿命可提高 1 倍，而表面粗糙度值降低到 $Ra0.05\mu m$ 以下对寿命的提高影响甚小，表面粗糙度值要求的高低与表面承受的接触应力有关。通常接触应力大或表面硬度高时，均要求表面粗糙度低。

c. 表面残余压应力　一般来说，表层在一定深度范围内存在残余压应力，不仅可以提高弯曲、扭转疲劳抗力，还能提高接触疲劳抗力，减小疲劳磨损。但是过大的残余压应力反而有害。

d. 其他因素　装配精度影响齿轮齿面的啮合接触面的大小，自然也对接触疲劳寿命有影响。此外，润滑油的选择也很重要，润滑油黏度越高，越有利于改善接触部分的压力分布，同时不易渗入表面裂纹中，这对抗疲劳磨损均十分有利。而润滑油中加入能产生化学反应形成酸类物质的添加剂，则会降低轴承的疲劳寿命。具有腐蚀作用的环境因素（如润滑油中的水）对疲劳寿命往往起有害作用。

（4）腐蚀磨损

在摩擦过程中，金属同时与周围介质发生化学反应或电化学反应，引起金属表面的腐蚀产物剥落，这种现象称为腐蚀磨损。它是在腐蚀现象与机械磨损、黏着磨损、磨料磨损等相结合时才能形成的一种机械化学磨损，是一种极为复杂的磨损过程，经常发生在高温或潮湿的环境中，更容易发生在有酸、碱、盐等特殊介质的条件下。

按腐蚀介质的类型不同，腐蚀磨损可分为氧化磨损和特殊介质下腐蚀磨损两大类。

① 氧化磨损　除金、铂等少数金属外，大部分金属表面都被氧化膜覆盖着，若在摩擦过程中，氧化膜被磨掉，摩擦表面与氧化介质反应速度很快，立即又形成新的氧化膜，然后又被磨掉。这种氧化膜不断被磨掉又反复形成的过程，就是氧化磨损。通常情况下，氧化磨损比其他磨损轻微得多。

基于氧化磨损的特点，可以看出发生氧化磨损必须同时具备三个条件：a. 摩擦表面要能够发生氧化，而且氧化膜生成速度大于其磨损破坏速度；b. 氧化膜与摩擦表面的结合强度大于摩擦表面承受的切应力；c. 氧化膜厚度大于摩擦表面破坏的深度。

影响氧化磨损的因素如下。

a. 氧化膜生成的速度与厚度　纯净金属表面在几秒内就会产生 5～50 个分子厚度的氧化膜。金属表面在摩擦过程中，表面形成氧化物的速度要比非摩擦时快得多。常温下，金属表面形成的氧化膜厚度非常小。

b. 氧化膜的性质　金属表面形成的氧化膜的性质对氧化磨损有重要影响。若氧化膜紧密、完整无孔，与金属表面基体结合牢固，则有利于防止金属表面氧化，不容易被磨掉；若氧化膜本身性脆，与金属表面基体结合差，则容易被磨掉。

c. 硬度　氧化磨损与金属表面氧化膜硬度及与其结合的基体金属的硬度的比值也有关系。当前者大于后者时，例如铝的 Al_2O_3 的氧化膜硬度达 1800HBW，而铝本身硬度仅为 15HBW，摩擦时 Al_2O_3 膜即使在小的载荷作用下，也易破碎和磨损；当两者相近时，例如 CuO 硬度为 150HBW，铜的硬度为 120HBW，在小载荷小变形条件下，因两者变形相近，故 CuO 膜不易脱落，但若受大载荷作用而产生大变形时，CuO 膜也易破碎。最有利的情况是氧化膜硬度和基体硬度都很高，例如镀硬铬时，其硬度为 900HBW 左右，铬的氧化膜硬度也很高，在载荷作用下变形小，膜不易破碎，耐磨性好。然而大多数金属氧化物都比原金属硬而脆，厚度又很小，故对摩擦表面的保护作用很有限，但在不引起氧化膜破裂的工况下，表面的氧化膜层有防止金属之间黏着的作用，因而有利于抗黏着磨损。

② 特殊介质下的腐蚀磨损　它是摩擦副金属材料与酸、碱、盐等介质作用生成的各种化合物，在摩擦过程中不断被除去的磨损过程。其机理与氧化磨损相似，但磨损速率较高。由于其腐蚀本身可能是化学的或电化学的性质，故腐蚀磨损的速率与介质的腐蚀性质和作用温度有关，也与相互摩擦的两金属形成电化学腐蚀的电位差有关。介质腐蚀性越强，作用温度越高，腐蚀磨损速率越大。但是若摩擦表面受腐蚀时能生成一层结构致密且与金属基体结合牢固，可阻碍腐蚀继续发生或使腐蚀减缓速度的保护膜，则腐蚀磨损速率将减小。此外，机械零件或构件所处的应力状态对磨损腐蚀影响很大，当它受到重复应力作用时，所产生的腐蚀速率比不受应力时快得多。

腐蚀介质来源常有以下四个方面。

a. 工作介质　例如水泵，当它输送有腐蚀性介质时，其内壁和活塞表面受腐蚀。

b. 摩擦金属表面受到工作过程中产生的腐蚀性介质作用。例如内燃机气缸活塞组零件在低温工况运行时，燃油燃烧的产物（废气）中可能有 SO_2、CO_2、NO_2 等物质，它们会与空气中的水蒸气结合，在内燃机的气缸壁上凝结成具有腐蚀性的亚硫酸、碳酸、硝酸等，引起气缸活塞组零件的腐蚀磨损。

c. 极压齿轮油中由于有极压添加剂，在一定温度和压力下，油中的添加剂能放出活性元素硫、氯、磷等，它们与金属表面原子作用生成化学反应膜，防止金属表面产生黏着磨损，而代之以缓慢的腐蚀磨损。

d. 润滑油在工作中因氧化形成有机酸，它们对滑动轴承材料中的铅、镉有很敏感的腐蚀作用，在轴瓦表面上生成黑点，逐渐扩散成海绵状的空洞，并在摩擦过程中成小块剥落。若滑动轴承材料中含银、钼等元素，在温度不高时与润滑油中的硫化物生成硫化物膜，能起到减磨作用，但在高温时膜易破裂。

（5）微动磨损

两个接触表面由于受到相对较低振幅的振荡运动而产生的磨损，叫做微动磨损。它产生于相对静止的结合零件上，因而往往容易被忽视。微动磨损的最大特点是：在外界变动载荷作用下，产生振幅很小（小于 $100\mu m$，一般 $2\sim20\mu m$）的相对运动。例如在键连接处、过盈配合处、螺栓连接处、铆钉连接接头处等结合部位产生的磨损。微动磨损使配合精度下降，紧配合部件紧度下降，甚至松动，连接件松动乃至分离，严重者引起事故。此外，微动磨损也易引起应力集中，导致连接件疲劳破裂。

① 微动磨损的机理　由于微动磨损集中在局部范围内，同时两摩擦表面永远不脱离接触，磨损产物不易往外排除，磨屑在摩擦面之间起着磨料的作用，又因微动磨损摩擦表面之间的压力使表面凸起部分黏着、黏着处被外界小振幅引起的摆动所剪切，剪切处表面又被氧化，故其兼有黏着磨损和氧化磨损的作用。因此微动磨损是一种兼有磨料磨损、黏着磨损和氧化磨损的复合磨损形式。

② 影响微动磨损的主要因素　实践和试验表明，外界条件（载荷、振幅、温度、润滑等）及材质对微动磨损的影响较大。

a. 振幅　图 1-5 所示为用低碳钢做实验时得到的结果。从图中可以看出，在振幅较小时，单位磨损率比较小；当振幅超过 $50\sim150\mu m$ 时，单位磨损率显著上升。

b. 载荷　图 1-6 所示为微动磨损量与载荷的关系。从图中可以看出，在一定条件下，随着载荷增大，微动磨损量将增加，但是当超过某临界载荷之后，磨损量则又减小。

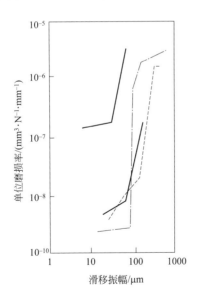

图 1-5　滑移振幅与单位磨损率的关系

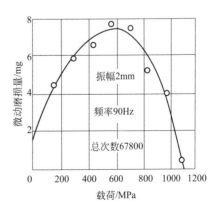

图 1-6　微动磨损量与载荷的关系

c. 温度　试验发现，中碳钢在其他条件不变的情况下，当温度达到 $130^{\circ}C$ 时微动磨损发生转折。超过此温度，微动磨损量大幅度降低，对于低碳钢，在 0℃ 以上，磨损量随温度的上升而逐渐降低，在 150~200℃ 时磨损量突然降低，继续升高温度，磨损量又上升。温度从 135℃ 升高到 400℃ 时，磨损量增加了 15 倍。

d. 润滑　试验表明，普通的液体润滑剂对防止微动磨损的效果不佳。而用锥入度小、抗剪强度高的润滑脂则有一定的效果，固体润滑剂如 MoS_2、PTFE 等效果更好。

e. 材质性能　提高硬度及选择适当材料配副，都可以减小微动磨损。将一般碳钢的表面硬度从 180HV 提高到 700HV 时，微动磨损量可降低 50%。一般来说，抗黏着性能好的材料配副对抗微动磨损的性能也好。采用表面处理，如硫化或磷化处理以及镀上金属镀层（镉、银、铜等），也是降低微动磨损的有效措施。

1.1.3　机械磨损的一般规律

机械磨损的规律如图 1-7 所示，机械正常磨损可分为三个阶段。

(1) "磨合"阶段 (曲线 O_1A 段)

在这个时期内，开始由于零件表面存在着加工后的不平度，在接触点上引起高接触应力，磨损速度很快，曲线急剧上升。随着机器运转的时间延长，不平度凸峰逐渐磨平，使摩擦表面的实际接触面逐渐增大，磨损速度逐渐减慢，曲线趋于 A 点时，逐渐变得平缓，间隙由 S_{min} 逐渐增大到 S_0。

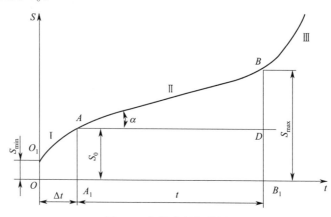

图 1-7　机械磨损规律图

(2) "稳定"磨损阶段 (曲线 AB 段)

在这个时期内，由于机械已经过"磨合"，摩擦表面加工硬化，微观几何形状改变，从而建立了弹性接触的条件。同时在正常运转时，摩擦表面处于液体摩擦状态，只是在启动和停车过程中，才出现边界摩擦和半干摩擦情况，因此磨损速度降低而且基本稳定，磨损量与时间成正比增加，间隙缓慢增大到 S_{max}。

(3) 急剧磨损阶段 (曲线 B 点以右部分)

经过 B 点以后，由于摩擦条件发生较大的变化（如温度急剧增加，金属组织发生变化），产生过大的间隙，增加了冲击，润滑油膜易破坏，磨损速度急剧增加，致使机械效率下降，精度降低，出现异常的噪声和振动，最后导致发生意外事故。

机械磨损发展过程是由自然磨损和事故磨损组成的。自然磨损是不可避免的现象，事故磨损可以延缓，甚至避免。应采取适当措施，如提高机件的强度和耐磨性能，改善机件的工

10

作条件，提高修理、装配的质量，特别是对机件进行良好的润滑和维护，从而减小磨损程度。尽量缩短"磨合"时间，达到延长机械正常工作时间，即延长机器使用寿命的目的。

1.1.4　机械故障发生的其他原因及对策

（1）零件的变形

机件在工作过程中，由于受力的作用，机件的尺寸或形态发生改变的现象称为变形。零件的变形分为弹性变形和塑性变形两种，其中塑性变形易使机件失效。机件变形以后，破坏了机件间的初始相互关系，因此其使用寿命也会大大缩短。

引起零件变形的主要原因有：

① 当外载荷产生的应力超过材料的屈服强度时，零件产生永久性的塑性变形；

② 温度升高，金属材料的原子热振动增大，抗切变能力下降，容易产生滑移变形，使材料的屈服极限下降，或零件受热不均，各处温差较大，产生较大的热应力，引起零件变形；

③ 由于残留的内应力影响零件的静强度和尺寸的稳定性，不仅使零件的弹性极限降低，还会产生减少内应力的塑性变形；

④ 由于材料内部存在缺陷。

零件的变形，不一定是单一因素作用下一次产生的，往往是几种原因共同作用、多次变形累积的结果。

使用中的零件，变形是不可避免的，所以在机械大修时不能只检查配合面的磨损情况，对于相互位置精度也必须认真检查和修复。尤其对第一次大修机械的变形情况要注意检查、修复，因为零件在内应力作用下变形，通常在 12～20 个月内完成。

（2）断裂

金属的完全破断称为断裂。金属材料在不同情况下，当局部破断（裂缝）发展到临界裂缝尺寸时，剩余截面所承受的外载荷即因超过它强度极限而导致完全破断。与磨损、变形相比，虽然零件因断裂而失效的概率较小，但是零件的断裂往往会造成严重的机械事故，产生严重的后果。

从不同角度出发，零件的断裂可以有不同的分类方法，下面介绍其中两种。

① 按宏观形态分类　按宏观形态可分为韧性断裂和脆性断裂。零件在外加载荷作用下，首先发生弹性变形，当载荷所引起的应力超过弹性极限时，材料发生塑性变形，载荷继续增加，应力超过强度极限时发生断裂，这样的断裂称之为韧性断裂。当载荷所引起的应力达到材料的弹性极限或屈服点以前的断裂，称为脆性断裂，其特点是断裂前几乎不产生明显的塑性变形，断裂突然发生，如铸件的断裂。

② 按载荷性质分类　按载荷性质可分为一次加载断裂和疲劳断裂两种。一次加载断裂是指零件在一次静载作用下，或一次冲击载荷作用下发生的断裂，其中包括静压、弯、扭、剪、高温蠕变和冲击断裂。疲劳断裂是指零件在经历反复多次的应力作用后才发生的断裂，包括拉、压、弯、扭、接触和振动疲劳等。

零件在使用过程中发生断裂，约有 60%～80% 属于疲劳断裂，其特点是断裂时的应力低于材料的抗拉强度和屈服极限。不论是脆性材料还是韧性材料，其疲劳断裂在宏观上均表现为脆性断裂。

（3）腐蚀

① 腐蚀的概念　腐蚀是金属受周围介质的作用而引起损坏的现象。金属的腐蚀损坏总是从金属表面开始，然后或快或慢地往里深入，同时常常发生金属表面的外形变化。首先在金属表面上出现不规则形状的凹洞、斑点、溃疡等破坏区域；其次破坏的金属变为化合物，通常是氧化物和氢氧化物，形成腐蚀产物并部分地附着在金属表面上，例如铁锈蚀。

② 腐蚀的分类　金属的腐蚀按其机理可分为化学腐蚀和电化学腐蚀两种。

a. 化学腐蚀　金属与介质直接发生化学作用而引起的损坏，称为化学腐蚀。腐蚀的产物在金属表面形成表面膜，如金属在高温干燥气体中的腐蚀，金属在非电解质溶液（如润滑油）中的腐蚀。

b. 电化学腐蚀　金属表面与周围介质发生电化学作用的腐蚀，称为电化学腐蚀。属于这类腐蚀的有金属在酸、碱、盐溶液及海水、潮湿空气中的腐蚀，地下金属管线的腐蚀，埋在地下的机器底座被腐蚀等。引起电化学腐蚀的原因是宏观电池作用（如金属与电解质接触或不同金属相接触）、微观电池作用（如同种金属中存在杂质）、氧浓差电池作用（如铁经过水插入沙中）和电解作用。电化学腐蚀的特点是腐蚀过程中有电流产生。

以上两种腐蚀中，电化学腐蚀比化学腐蚀强烈得多，金属的蚀损大多数是由电化学腐蚀所造成的。

③ 防止腐蚀的方法　防腐蚀的方法包括两个方面：首先是合理选材和设计；其次是选择合理的操作工艺规程。目前生产中常采用的防腐措施如下。

a. 合理选材　根据环境介质的情况，选择合适的材料。如选用含有镍、铬、铝、硅、钛等元素的合金钢，或在条件允许的情况下，尽量选择尼龙、塑料、陶瓷等材料。

b. 合理设计　通用的设计规范是避免不均匀和多相性，即力求避免形成腐蚀电池的作用。不同的金属、不同的气相空间、热和应力分布不均以及体系中各部分间的其他差别都会引起腐蚀破坏，因此设计时应努力使整个体系的所有条件尽可能均匀一致。

c. 覆盖保护层　这种方法是在金属表面覆盖一层不同的材料，改变零件表面结构，使金属与介质隔离开来以防止腐蚀。具体方法如下。

（a）覆盖金属保护层　采用电镀、喷镀、熔镀、气相镀和化学镀等方法，在金属表面覆盖一层如镍、铬、锡、锌等金属或合金作为保护层。

（b）覆盖非金属保护层　这是设备防腐蚀的发展方向，常用的方法如下。

● 涂料　将油基漆或树脂漆（如合成脂）通过一定的方法涂覆在物体表面，经过固化而形成薄涂层，从而保护设备免受高温气体及酸碱等介质的腐蚀。常用的涂料产品有防腐漆、沥青漆、环氧树脂涂料、聚乙烯涂料等。

● 砖、板衬里　常用的是水玻璃胶泥衬辉绿岩板。辉绿岩板是由辉绿岩石熔铸而成，它的主要成分是二氧化硅，硅胶泥即是黏结剂。它的耐酸碱性及耐腐蚀性较好，但性脆，不能受冲击，在有色冶炼厂用来做储酸槽壁，槽底则衬瓷砖。

● 硬（软）聚氯乙烯　它具有良好的耐腐蚀性和一定的机械强度，加工成型方便，焊接性能良好，可做成储槽、电除尘器、文氏管、尾气烟囱、管道阀门和离心风机、离心泵的壳体及叶轮。它已逐步取代了不锈钢、铅等贵重金属材料。

● 玻璃钢　它是采用合成树脂为黏结材料，以玻璃纤维及其制品（如玻璃布、玻璃带、玻璃丝等）为增强材料，按照不同的成型方法（如手糊法、模压法、缠绕法等）制成。它具有优良的耐腐蚀性，比强度（强度与质量之比）高，但耐磨性差，有老化现象。实践证明，中等浓度以下 90℃ 以内的硫酸、盐酸的盛装容器用玻璃钢作防腐衬里,使用情况是较理想的。

● 耐酸酚醛塑料　它是以热固性酚醛树脂作黏结剂,以耐酸材料(玻璃纤维、石棉等)作填料的一种热固性塑料。它易于成型和机械加工,但成本较高,目前主要用作各种管道和管件。

d. 添加缓蚀剂　在腐蚀介质中加入少量缓释剂,能使金属的腐蚀速度大大降低。如在设备的冷却水系统采用磷酸盐、偏磷酸钠等处理,可以防止系统腐蚀和锈垢沉积。

e. 电化学保护　电化学保护就是对被保护的金属设备通以直流电流进行极化,以消除电位差,使之达到某一电位时,被保护金属可以达到腐蚀很小甚至无腐蚀状态。它是一项较新的防腐蚀方法,但要求介质必须是导电的、连续的。电化学保护又可分为以下两类:

(a) 阴极保护　主要是在被保护金属表面通以阴极直流电流,可以消除或减少被保护金属表面的腐蚀电池作用;

(b) 阳极保护　主要是在被保护金属表面通以阳极直流电流,使其金属表面生成钝化膜,从而增大腐蚀过程的阻力。

f. 改变环境条件　改变环境条件的方法是将环境中的腐蚀介质去掉,减轻其腐蚀作用,如采用通风、除湿及去掉二氧化硫气体等。对常用金属材料来说,把相对湿度控制在临界湿度(50%～70%)以下,可以显著减缓大气腐蚀。在酸洗车间和电解车间里要合理设计地面坡度和排水沟,做好地面防腐蚀隔离层,以防酸液渗透地坪后地面起凸而损坏储槽及机器基础。

(4) 蠕变损坏

零件在一定应力的连续作用下,随着温度的升高和作用时间的增加,将产生变形,而这种变形还要不断发展,直到零件破坏。温度越高,这种变形速度越加迅速,有时应力不但小于常温下的强度极限,甚至小于材料的屈服极限,在高温下由于长时间变形的不断增加,也可能使零件破坏,这种破坏称为蠕变损坏。

为了防止蠕变损坏的产生,对于长期处于高温和应力作用下的零件,除了采用耐热合金(在钢中加入合金元素钨、钼、钒或少数的铬、镍)外,还可采用减少机件工作应力的方法,通过计算来保证其在使用期限内不超过允许的变形量。

任务 1.2　常用润滑材料的辨识

【任务描述】

为了减少机器设备表面零件表面的摩擦阻力和降低材料磨损,其工作表面间需要加入润滑剂进行润滑。润滑是减轻摩擦、磨损的一种手段。润滑油的种类繁多,适用于各种不同的工作环境,了解润滑油的性能才能更好地选用合适的润滑油。

【任务目标】

① 了解润滑的作用及润滑材料。

② 了解润滑材料的种类。

③ 了解润滑油和润滑脂的选用原则。

1.2.1 润滑的作用及分类

(1) 润滑的作用

为了减少机器设备零件表面的摩擦阻力和降低材料磨损,其工作表面间需要加入润滑剂进行润滑。在摩擦副之间加入润滑介质,使接触面间形成一层润滑膜,用以控制摩擦,降低磨损,以达到延长使用寿命的措施,通常称为润滑。

润滑是减轻摩擦、磨损的一种手段。摩擦造成大量的能量浪费,磨损增加了金属等原材料的消耗,降低了机械及其零部件的使用寿命。

金属压力加工车间的机械设备大都在高温及恶劣的条件下工作,润滑更为重要。现代金属压力加工车间日益向大型、高速、连续、自动化方向发展,润滑不仅影响设备的寿命,而且关系到设备能否安全、连续地运转。因此必须根据摩擦机件的特点及工作条件,周密考虑和正确选择所需的润滑材料、润滑方法、润滑装置和系统,严格按照规程所规定的部位、周期、润滑材料的质量和数量进行润滑。

润滑对机械设备的正常运转起着十分重要的作用,其主要作用如下。

① 降低摩擦系数,减少磨损 在两个相对摩擦表面之间加入润滑剂,使相对运动的机件摩擦表面不直接接触或尽量少接触,就可以降低摩擦系数,减少摩擦阻力,降低功率消耗。在良好的液体摩擦条件下,其摩擦系数可以低到0.001甚至更低,此时的摩擦阻力主要是液体润滑膜内部分子间的相互滑移的低剪切阻力。

润滑材料在摩擦表面之间,还可以减少由于磨粒磨损、表面锈蚀、金属表面间的咬焊与撕裂等造成的磨损。因此在摩擦表面提供足够的润滑剂,就能形成良好的润滑条件,保持零件的配合精度,大大减少磨损。降低摩擦、减少磨损是机械润滑最主要的作用。

② 降温冷却 润滑材料能够减少摩擦热量的产生。机械克服摩擦所做的功,全部转变成热量,这些热量,一部分由机体向外扩散,另一部分使机械温度不断升高。采用液体润滑材料的集中循环润滑系统,可以带走摩擦产生的热量,起到降温冷却的作用,使机械控制在所要求的温度范围内运转。

③ 防腐、防锈 机械表面在与周围介质(如空气、水汽、腐蚀性气体、液体、腐蚀性物质等)接触时,会因生锈、腐蚀而损坏。在金属表面涂上一层具有防锈、防腐添加剂的润滑材料,就可起到防锈、防腐的目的。

④ 冲洗清洁 摩擦副在运动时产生的磨损颗粒或外来微粒等,都会加速摩擦表面的磨损。利用液体润滑剂的流动性,可以把摩擦表面间的磨粒带走,从而减少磨粒磨损。在压力循环润滑系统中,冲洗作用更为显著。在热轧、冷轧、切削、磨削等加工工艺中所采用的工艺润滑剂,除有降温冷却作用外,还有良好的冲洗作用,防止表面被固体颗粒磨损划伤。

⑤ 密封作用 润滑油、润滑脂不仅能起到润滑减摩作用,还能增强密封效果,减少泄漏,提高工作效率。此外,润滑油还有减少振动和噪声的效能。

(2) 润滑的分类

① 根据润滑剂的物质形态分类

a.气体润滑 采用空气、蒸汽、氮气或某种惰性气体为润滑剂,将摩擦表面用高压气体分隔开,减少摩擦,从而实现的润滑,称为气体润滑。如重型机械中垂直透平机的推力轴承，大型天文望远镜的大型转动支承轴承，高速磨头的轴承，都可用气体润滑。气体润滑的最大优点是摩擦系数极小，接近于零。另外，气体的黏度不受温度的限制。

b. 液体润滑　采用动植物油、矿物油、合成油、乳化油、水等液体为润滑剂进行润滑，称为液体润滑。如轧钢机的油膜轴承用矿物类润滑油润滑，冷轧带材时用乳化油作冷却润滑油液，初轧机胶木瓦轴承用水作润滑剂润滑等。

c. 半固体润滑　以润滑脂为润滑剂进行润滑，称为半固体润滑。润滑脂是介于液体和固体之间的塑性状态或膏脂状态的半固体物质，包括各种矿物润滑脂、合成润滑脂、动植物脂等。此种润滑广泛应用于各种类型的滚动轴承和垂直安装的平面导轨。

d. 固体润滑　利用具有特殊润滑性能的固体作润滑剂进行的润滑，称为固体润滑。常用的固体润滑剂有石墨、二硫化钼、二硫化钨、氮化硼、四氟乙烯等。拉拔高强度丝材时表面所镀的铜，以及拉拔生产中广泛使用的石蜡、脂肪酸钠、脂肪酸钙等固体皂粉，都属于固体润滑剂。固体润滑材料是一种新型的、有发展前途的润滑材料，既可单独使用，也可作润滑油脂的添加剂。

② 根据润滑膜在摩擦表面的分布状态分类

a. 全膜润滑　摩擦面之间有润滑剂，并能生成一层完整的润滑膜。把摩擦表面完全隔开。摩擦副运动时，摩擦是润滑膜分子之间的内摩擦，而不是摩擦面直接接触的外摩擦，这种状态称为全膜润滑。这是一种理想的润滑状态。

液体润滑是一种理想润滑状态，此外还可以用气体、固体、半固体的润滑剂形成一层完整的润滑膜。在边界润滑和极压摩擦状态下，只要润滑剂选择适当，在一定条件下，同样也能获得一层完整的边界润滑膜和极压润滑膜。

b. 非全膜润滑　摩擦表面由于粗糙不平或因载荷过大、速度变化等因素的影响，使润滑膜遭到破坏，一部分有润滑膜，一部分为干摩擦，这种状态称为非全膜润滑。一般由于运动速度变化（启动、制动、反转）、受载性质变化（如冲击、局部集中、变载荷等）以及润滑不良时，设备经常出现这种状态，其磨损较快，应当力求减少或避免这种状态。

1.2.2　常用的润滑原理

机器设备中各种润滑摩擦副的材质、结构、工作条件和作用各不相同，对润滑的具体要求也会不同，但基本原则都是：按照摩擦副的工作条件，选用合适的润滑剂；确定正确的润滑方式和方法，将润滑剂加入到摩擦副表面间，使其处于良好的润滑状态。

摩擦副理想的工作状态是在全膜润滑下运行，但是如何创造条件，采取措施来形成和满足全膜润滑状态，则是比较复杂的工作。人们在长期的生产实践中，对润滑原理进行了不断的探索和研究，形成了一些较成熟的理论，现对常用的液体动压润滑原理、流体静压润滑原理、流体动静压润滑原理、边界润滑原理、固体润滑原理、自润滑做简单介绍。

各种润滑状态所形成的润滑膜厚度不同，但仍需与表面粗糙度结合起来考虑，这样才能正确地判断出润滑状态。机器设备中的摩擦副，通常总有几种润滑状态同时存在，可称为混合润滑状态。表 1-3 列出了各种润滑状态的基本特征。

表 1-3　各种润滑状态的基本特征

润滑状态	典型膜厚	润滑膜形成方式	应　用
液体动压润滑	$1\sim100\mu m$	由摩擦表面相对运动所产生的动压效应形成流体润滑膜	中、高速时的面接触摩擦副,例如滑动轴承
液体静压润滑	$1\sim100\mu m$	通过外部压力作用将流体送到摩擦表面之间,强制形成润滑膜	各种速度下的面接触摩擦副,如滑动轴承、导轨等
弹性流体动压润滑	$0.1\sim1\mu m$	与液体动压润滑相同	中、高速下的点、线接触摩擦副,如齿轮、滚动轴承等
薄膜润滑	$10\sim100nm$	与流体动压润滑相同	低速下的点、线接触高精度摩擦副,如精密滚动轴承
边界润滑	$1\sim50nm$	润滑油分子与金属表面之间产生物理或化学作用,形成润滑膜	低速重载下的高精度摩擦

（1）流体动压润滑原理

在相对运动的表面间加入流体,形成具有足够压力的润滑膜,将相互接触的表面分开,由流体摩擦代替材料表面间的固体摩擦,这种润滑状态称为流体润滑。

① 曲面接触　图 1-8 所示为滑动轴承摩擦副建立流体动压润滑的过程。图 1-8(a) 是轴承静止状态时轴与轴承的接触状况,在轴的下部正中与轴承接触,轴的两侧形成了楔形间隙。开始启动时,轴滚向一侧,如图 1-8(b) 所示,具有一定黏度的润滑油黏附在轴颈表面,随着轴的转动被不断带入楔形间隙,润滑油在楔形间隙中只能沿轴向溢出,但轴颈有一定长度,而油的黏度使其沿轴向的流动受到阻力而流动不畅,这样润滑油就聚积在楔形间隙的尖端互相挤压,从而使润滑油的压力升高。随着轴的转速不断上升,楔形间隙尖端处的油压也越升越高,形成压力油楔,逐渐把轴抬起,如图 1-8(c) 所示。此时轴处于一种不稳定状态,轴心位置随着轴被抬起的过程而逐渐向轴承中心另一侧移动,当达到一定转速后,轴就趋于稳定状态,如图 1-8(d) 所示。此时油楔作用于轴上的压力的总和与轴上的负载（包括轴的自重）相平衡,轴与轴承的表面完全被一层油膜隔开,实现了液体润滑,这就是动压液体润滑的油楔效应。由于动压液体润滑的油膜是借助于轴的运动而建立的,一旦轴的转速降低（如启动和制动的过程中）,油膜就不足以把轴和轴承隔开。因此,载荷过重或轴的转速较低,都有可能无法建立足够厚度的油膜,从而不能实现动压润滑。

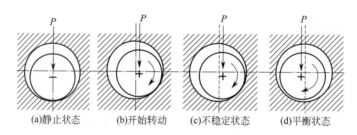

(a)静止状态　　(b)开始转动　　(c)不稳定状态　　(d)平衡状态

图 1-8　滑动轴承动压润滑油膜建立过程

如图 1-8(d) 所示,在楔形间隙出口处油膜厚度最小。油膜最小厚度用 h_{min} 表示,实现动压润滑的条件是油膜必须将两摩擦表面可靠地隔开,即

$$h_{min} > \delta_1 + \delta_2$$

式中,δ_1、δ_2 为轴颈与轴承表面的最大表面粗糙度,mm。

② 平面接触

a. 两平行平面之间的滑动如图 1-9(a) 所示,AB、CD 为平行平面,设 CD 不动,AB

沿箭头指示的方向运动。在空载时，由于润滑油的黏性，紧贴 *AB* 面的润滑油获得 *AB* 面的运动速度 v，以上各层润滑油由于油液的内摩擦力使速度逐层递减，故呈三角形分布。图 1-9(b) 为不考虑相对运动时，在载荷 *P* 作用下润滑油从两平面间被挤出的流动速度分布。图 1-9(c) 是图 1-9(a) 和图 1-9(b) 叠加后在进口和出口处的油液流速分布。如用单位时间的流量来代替流速，则可以看出：对平行平面来说，在载荷和相对运行的联合作用下，单位时间流入两平面的流量低于流出的流量。根据曲面接触动压润滑的原理可知，这种情况不可能出现油楔效应，也就是不可能实现流体动压润滑。

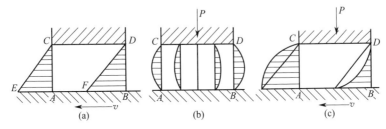

图 1-9 两平行平面间油液的流动

b. 两倾斜平面间的滑动 如果将上述情况中的一个平面 *CD* 相对于平面 *AB* 倾斜一个角度，如图 1-10 所示，则可以看出，这时入口截面的流量将大于出口截面的流量，类似于曲面接触情况，因而可以实现流体动压润滑。

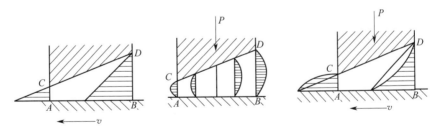

图 1-10 两倾斜平面间油液的流动情况

应当注意的是，如果 *CD* 倾斜的方向与图 1-10 中的方向相反，就不可能出现动压润滑。这说明倾斜方向与相对运行方向有关。

将这一原理用于推力滑动轴承，将轴承制作成若干扇形块，将每个扇形块倾斜一定角度形成楔形间隙，在推力轴承上就可实现动压润滑。

c. 流体动压润滑形成条件与影响因素

（a）两相对运动的摩擦表面，必须沿运动的方向形成收敛的楔形间隙。

（b）两摩擦面必须具有一定的相对速度。

（c）润滑油必须具有适当的黏度，并且供油充足。

（d）外载荷必须小于油膜所能承受的极限值。

（e）摩擦表面应具有较小的表面粗糙度值，这样可以在较小的油膜厚度下实现流体动压润滑。

各种因素对流体动压润滑的形成有着不同的影响，如当润滑油的黏度和两摩擦表面相对运动速度增加时，最小油膜厚度增加；当外负荷增加时，最小油膜厚度减小；温度的影响会引起润滑油的黏度变化，从而影响最小油膜厚度。

另外注意，流体动压润滑的进油口不能开在油膜的高压区，否则进油压力低于油膜压力，油就不能连续供入，破坏了油膜的连续性。

（2）液体静压润滑原理

从外部将高压流体经节流阻尼器送入运动副的间隙中，使两摩擦表面在未开始运动之前就被流体的静压力强行分隔开，由此形成的流体润滑膜使运动副能承受一定的工作载荷而处于流体润滑状态，这种润滑称为流体静压润滑。

图 1-11 所示为具有四个对称油腔的径向流体静压轴承，轴承上开有四个对称的油腔 9、周向封油面 11 和回油槽 10，在油腔的轴向两端也有封油面。从供油系统输出的压力油，经四个节流阻尼器后分别供给相应的油腔。从各封油面与轴颈间的泄油间隙流出的油液经回油槽返回油箱。

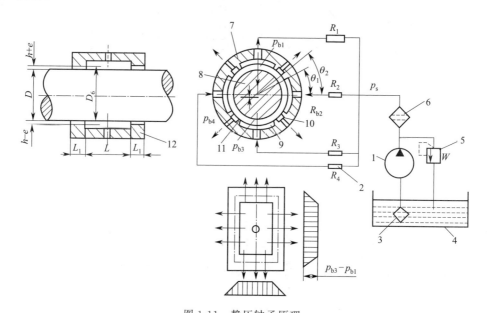

图 1-11　静压轴承原理

1—油泵；2—节流阻尼器；3—粗过滤器；4—油箱；5—溢流阀；6—精过滤器；

7—轴承套；8—轴颈；9—油腔；10—回油槽；11—周向封油面

轴未受载时，由于各油腔的静压力相等，轴浮在轴承中央，此时各泄油间隙相等。轴颈受外载 P 作用后，沿 P 作用方向产生一个位移，下部泄油间隙减小，上部泄油间隙增大，使下部泄油阻力增大，上部泄油阻力减小，导致下部泄油量减小，上部泄油量增大，由于节流阻尼器的作用，使上部油腔压力 p_{b1} 减小而下部油腔压力 p_{b3} 增大，在轴颈上、下两压力面出现了压力差 $p_{b3}-p_{b1}$，这个压力差与外载荷 P 产生的压力相平衡，而使轴承保持液体润滑状态。图 1-12 所示为液体静压导轨的三种形式。

液体静压润滑与液体动压润滑相比有如下特点。

① 应用范围广，承载能力高。因液体膜的形成与摩擦面的相对速度无关，故可用于各种速度的摩擦副。因载荷能力决定于供油压力，故可有较高的承载能力。

② 摩擦系数比其他形式的轴承都低，并且稳定。

③ 几乎没有磨损，所以摩擦副的寿命极长。

④ 由于两摩擦面不直接接触，所以对轴承材料要求不高，只需比轴颈稍软即可。

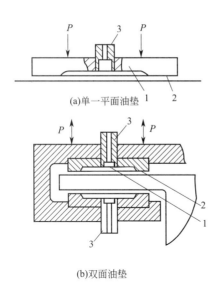

(a)单一平面油垫

(b)双面油垫

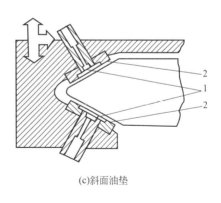

(c)斜面油垫

图 1-12 静压润滑导轨的三种形式

1—油腔；2—封油面；3—供油嘴

缺点是需要一整套昂贵的供油系统，油泵不间断地工作，增加了能耗。

（3）流体动静压润滑原理

流体静压润滑的优点很多，但是油泵需一直工作，要耗费大量能源。流体动压润滑在启动、制动过程中，由于速度低，不能形成足够厚度的流体动压油膜，使轴承的磨损增大，严重影响轴承的使用寿命。如果在启动、制动时采用流体静压润滑，而在达到额定转速后，靠流体动压润滑，这样就能充分发挥动压润滑和静压润滑的优势，又可克服两者的不足。据此产生了流体动、静压润滑理论，其主要工作原理是：摩擦副在启动或制动过程中，采用流体静压润滑的办法，把高压润滑流体压入承载区，将摩擦副强行分开，从而避免了在启、制动过程中，因速度变化不能形成动压油膜而使摩擦副直接接触产生摩擦与磨损；当摩擦副进入全速稳定运转时，可将静压供油系统停止，靠动压润滑供油形成动压油膜来润滑。这种动、静压润滑近年来在工业上已经得到应用。

（4）边界润滑原理

从摩擦副间流体润滑过渡到摩擦副表面直接接触之前的临界状态，称边界润滑。几乎各种摩擦副在相对运动时都存在着边界润滑状态，可见边界润滑是一种极为普遍的润滑状态，即使精心设计的流体动压润滑轴承，在启动、制动、负载变化、高温和反转时也都会出现边界润滑状态。

边界润滑状态的摩擦界面上，存在一层厚度为 $0.1\mu m$ 左右的薄膜，具有一定的润滑性能，通常称之为边界膜。按边界膜的形成结构不同，边界膜可分为吸附膜和反应膜两大类。

在边界润滑状态时，润滑剂中含有的某些活性分子吸附在金属摩擦表面上而形成的具有一定润滑性的边界膜，称为吸附膜。含硫、磷、氯等元素的添加剂的润滑油，进入摩擦副之间，与金属摩擦表面起化学反应生成的边界膜，称为反应膜。

一般说来，吸附膜适用于中等温度、速度、载荷以下的场合；反应膜适用于高温、高速、重载的场合。

在边界润滑状态下，如果温度过高、负载过大、受到振动冲击，或者润滑剂选用不当、加入量不足、润滑剂失效等原因，均会使边界润滑膜遭到破坏，导致磨损加剧，使机械寿命大大缩短，甚至导致设备损坏。良好的边界润滑虽然比不上流体润滑，但是比干摩擦的摩擦系数低得多，相对来说可以有效地降低机械的磨损，使机械的使用寿命大大提高。机械的许多故障多是由于边界润滑解决不当引起的。

改善边界润滑的措施如下。

① 减小表面粗糙度　金属表面各处边界膜承受的真实压力的大小与金属表面状态有关：摩擦副表面粗糙度越大，则真实接触面积越小，同样的载荷作用下，接触处的压力就越大，边界膜易被压破。减小表面粗糙度，可以增加真实接触面积，降低负载对油膜的压力，使边界膜不易被压破。

② 合理选用润滑剂　根据边界膜工作温度高低、负载大小和是否工作在极压状态，选择合适的润滑油类型和添加剂，以改善边界膜的润滑特性。

③ 改变润滑方式　改用固体润滑材料等新型润滑材料，改变润滑方式。如对某些振动冲击大的重载、低速的摩擦副，可考虑采用添加固体润滑剂的新型半固体润滑脂进行干油喷溅润滑。

（5）固体润滑原理

在摩擦副之间放入固体粉状物质的润滑剂，同样也能起到良好的润滑效果。图 1-13 所示为两摩擦面之间有固体润滑剂的滑移模型，它的剪切阻力很小，稍有外力，分子间就会产生滑移，这样就把两摩擦面之间的外摩擦转变为固体润滑剂分子间的内摩擦。固体润滑有两个必要条件：首先是固体润滑剂分子间应具有低的剪切强度，很容易产滑移；其次是固体润滑剂要能与摩擦面有较强的亲和力，在摩擦过程中，使摩擦面上始终保持着一层固体润滑剂（一般在金属表面上是机械附着，但也有形成化学结合的），而且这一层固体润滑剂不腐蚀摩擦表面。具

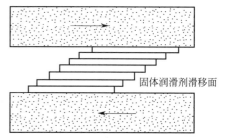

图 1-13　固体润滑剂的滑移模型

有上述性质的固体物质很多，例如石墨、二硫化钼、滑石粉等。

对于层状结构的固体润滑剂，分子层之间的结合力很弱，即分子层间表面为低剪切应力表面。当分子层间受到一定的切应力作用时，分子层间就产生滑移。对于非层状结构固体润滑剂或软金属来说，主要是以其剪切力低起到润滑作用，然后使它附着在摩擦表面形成润滑膜。

对于已经形成的固体润滑膜的润滑机理，与边界润滑机理相似。

（6）自润滑简介

以上所讲的几种润滑，在摩擦运动过程中，都需要向摩擦表面间加入润滑剂。而自润滑则是将具有润滑性能的固体润滑剂粉末与其他固体材料相混合并经压制、烧结成材，或是在多孔性材料中浸入固体润滑剂；或是用固体润滑剂直接压制成材，作为摩擦表面。这样在整个摩擦过程中，不需要再加入润滑剂，仍能具有良好的润滑作用。自润滑的机理包括固体润滑、边界润滑，或两者皆有的情况。例如用聚四氟乙烯制品做成的压缩机活塞环、轴瓦、轴套等都属自润滑，因此，在这类零件的工作过程中，不需再加任何润滑剂也能保持良好的润滑作用。

1.2.3　润滑材料

凡是在摩擦副之间加入的能起抑制摩擦、减少磨损的介质，都可称为润滑材料（润滑剂）。如前所述，按润滑材料的物质形态，可分为气体润滑材料、液体润滑材料、润滑脂，固态润滑材料四类，如表 1-4 所示。

虽然润滑材料的物质形态不同，品种更是多种多样，但都应能满足对润滑的一些基本要求：降低摩擦系数；具有良好的吸附及楔入能力；有一定的黏度；具有良好的防护性能和抗磨性能等。

表 1-4　四类润滑剂的性能比较

润滑剂性能	液体润滑剂	润滑脂	固体润滑剂	气体润滑剂
液体动压润滑	优	一般	无	良
边界润滑	差至优	良至优	良至优	差
冷却	很好	差	无	一般
低摩擦	一般至良	一般	差	优
易于加入轴承	良	一般	差	良
保持在轴承中的能力	差	良	很好	很好
密封能力	差	很好	一般至良	很好

（1）液体润滑剂

液体润滑剂是用量最大、品种最多的润滑材料，它包括矿物油、合成油、水基液和动、植物油。液体润滑有较宽的黏度范围，对不同的载荷、速度和温度条件下工作的摩擦副和运动部件都提供了较宽的选择余地。其中以矿物油为基础的润滑油，用途非常广泛。

合成油是以化学合成方法制备成有机液体，再经过调配或加工而制成的。它具有一定的化学结构和物理、化学性质，多使用在比较苛刻的工况下，例如极高温、极低温、高真空度、重载、高速、具有腐蚀性环境以及辐射环境等。

水基液多用作金属加工液及难燃性液压介质。常用的水基液有乳化液（油包水或水包油型）、水-乙二醇以及其他化学合成液或半合成液。

（2）润滑脂

润滑脂主要由基础油、稠化剂和各种功能添加剂在高温下混合而成。主要品种按稠化剂的组成可分为皂基脂、烃基脂、无机脂和有机脂等。润滑脂除了具有抗磨、减摩和润滑性能外，还能起密封、减振、阻尼、防锈等作用。其润滑系统简单，维护管理容易，可节省操作费用；缺点是流动性小，散热性差，高温下易产生相变、分解等。

（3）固体润滑剂

固体润滑剂分为软金属、金属化合物、无机物和有机物等。按其物质形态可分为固体粉末、薄膜和自润滑复合材料等。固体粉末分散在气体、液体及胶体中使用；薄膜可通过喷涂、电泳沉积、真空沉积、电镀、烧结、粘结等工艺方法做成。

固体润滑剂的使用范围广，能够适应高温、高压、低速、高真空、强辐射等特殊使用工况，特别适用于给油不方便、维护拆卸困难的场合。它的缺点是摩擦系数较大，冷却散热较差，干膜在使用过程中补充困难等。

(4) 气体润滑剂

气体润滑剂取用方便，不会变质，不会引起对周围环境及支承元件的污染；使用气体润滑剂的支承元件摩擦小；工作温度范围广；摩擦副表面间能够保持较小间隙，容易获得较高精度；在放射性环境及其他特殊环境下能正常工作。其缺点是必须有气源，须由外部提供干净而干燥的气体；支承元件动态稳定性较差，对支承元件的制造精度及材质有较高的要求。

1.2.4 润滑油

常用的液体润滑材料为润滑油。

润滑油是从原油中提炼出来并经过精制而成的石油产品。原油经过初馏和常压蒸馏，提取低沸点的汽油、煤油、柴油后，再经过减压蒸馏，按沸点范围不同而提取的一线、二线、三线、四线馏分油以及减压渣油，都是制取润滑油的原料。然后通过精制和调和，即可获得各种润滑油。

润滑油的物理化学性能及主要质量指标如下。

(1) 外观

油品质量的优劣，很大程度上可以从外观察觉。

① 颜色　油品的精制程度越高，颜色越浅。黏度低的油品，颜色也较浅。润滑油在使用过程中，由于杂质污染及氧化变质都会逐渐使颜色变深甚至发黑，因此，从油品的颜色变化情况可以大致判断油品的变质程度。

② 透明度　质量良好的油品应当有较高的透明度。油中含有水分、气体杂质及其他外来成分，都会影响透明度。

③ 气味　优良的油品在使用过程中不应当散发出刺激性气味。

(2) 流动性能

流动性能是润滑油最重要的技术性能，它直接影响润滑系统的工作，常用指标如下。

① 黏度　润滑油在外力作用下流动时，分子间产生一种内摩擦力，这一特性称为黏性，其大小用黏度来表示。常用的黏度有动力黏度、运动黏度和相对黏度。润滑油在单位速度梯度下流动时，液层间单位面积上产生的内摩擦力，称为动力黏度；动力黏度与润滑油密度之比称之为运动黏度。

② 黏度指数　润滑油的黏度与温度有着密切的关系。黏度随着温度的变化而变化，然而黏度变化的幅度，各种油品不完全相同。

③ 凝固点　凝固点是指油品丧失流动时的最高温度。从使用部门出发，总希望凝固点尽量低，但是凝固点越低，炼制就越困难，所花的成本也成倍地提高，为了经济效益，要适当地控制凝固点。

④ 流动性　参照德国国家标准 DIN 51568—74　润滑油流动性测定法，我国制定了 GBT 12578—1990 润滑油的流动性测定（U 形管法）。

(3) 安定性

润滑油在工作中总是要与空气中的氧接触，发生氧化反应，生成酸类胶泥物，使油的颜色加深变暗，黏度增加，酸性增加，产生沉淀物，最终限制了油品的使用性能。优质润滑油应具有防止氧化减缓变质的能力。

（4）机械安定性

含有高分子聚合物的油品，在使用过程中黏度有降低的现象，这种现象特别是稠化油表现最严重，必须控制黏度下降的幅度，应做剪切试验。

（5）抗水性

钢铁设备生产过程中要使用大量的冷却水，少量的水分混入润滑系统中是很难避免的，有时候进入油中的水是大量的，这就要求润滑油具有良好的抗乳化性能，当水分进入油中时应能很快地从油中分离出来，不与油混合形成稳定的乳化液。对水基润滑液，无法要求它的抗水性能，但无论是进水或失水对其性能都有较大影响。

（6）抗泡沫性能

润滑油在使用过程中，受到强烈的机械搅拌或流速太快时都会产生泡沫，泡沫存在于油中会严重阻碍润滑系统的工作，最严重的时候，泡沫会从油箱上盖溢出。润滑油产生泡沫并不可怕，可怕的是泡沫久久不消失，越积越多。良好的油品应消泡迅速。润滑油中常常加入硅油或醚类消泡剂。

（7）防护性能

润滑油对摩擦元件必须有良好的保护性能，要防止金属锈蚀，更不得腐蚀金属。

（8）抗磨性能

这是润滑油最重要的性能，油品的质量很大程度上取决于它的抗磨性能。极压齿轮油和抗磨液压对抗磨性能都有特殊的要求。

（9）与密封材料的适应性

润滑油与密封材料的适应性是十分重要的，它直接影响整个系统的密封性。

（10）杂质含量

润滑油中的杂质是一种磨粒磨料，能加速摩擦面的磨损；也是一种催化剂，加速油品的老化。因此，必须通过努力把油中杂质含量降低到允许的范围。

（11）其他性能

① 密度　润滑油的密度是一个很重要的参数，它影响到泵的吸入阻力和压力损失，在管路阻力计算中很重要。密度随油的种类、黏度不同而有所差异，矿物质油的密度为 $(0.85 \sim 0.94) \times 10^3 kg/m^3$，水基乳化液的密度为 $1 \times 10^3 kg/m^3$，水乙二醇和磷脂的密度大于 $1 \times 10 kg/m^3$。

② 闪点　按 GB/T 3536—2008 测定，矿物油的闪点在 150～300℃，闪点随黏度的增高而增高。使用中的油品闪点一般不易发生变化，但有时操作不慎，局部受高温的影响而发生热裂化，就有大量挥发性物质产生。或者油中混入汽油、煤油等都会使闪点降低，若闪点降低 10℃，就要考虑换油。

③ 酸值　酸值又叫中和值。使用中的油品，因老化而使酸值增高，所以要定期检测酸值。当酸值增加 0.5 时，即表明油品已经老化，应当考虑换油。

④ 灰分　按 GB/T 508—1985 检测灰分。新油的灰分是很少的，一般都少于 0.005%，含有金属盐类的添加剂，对灰分含量有影响，但是油品中进入金属微粒及尘埃就会使灰分大量增加，所以测定灰分的含量可以知道油品中有害杂质的含量。

⑤ 表面张力　液体表面有力图缩小表面积而形成球面的趋势，这个收缩力就是表面张力。润滑油受到污染后表面张力有所降低，测定润滑油的界面张力与新油对比，可知油品受

污染的程度。

⑥ 元素含量　凡是要求润滑油具有抗磨性能、清净分散性能以及防锈性能，都需要添加添加剂。添加剂中含有硫、磷、钡、钙、锌、镁等元素，新油对这些元素的含量都有一定的要求。在使用中这些元素逐渐消耗，因此，测定油品中这些元素的含量可以掌握油品的变化情况。

1.2.5　润滑脂

润滑脂是一种常用润滑剂，广泛应用在机械设备中。与润滑油相比，它具有一系列的优点，例如温度范围比较宽；易于保持在滑动面上，不易流失和泄漏；润滑系统简化，密封简单，能有效地防止污染物和灰尘进入；防锈性与热氧化安定性优良。但是，更换润滑脂困难，散热不易，摩擦力矩比用润滑油大些，在高速场合应用的效果差些。

(1) 润滑脂的组成

润滑脂主要由基础油、稠化剂和满足特殊性能要求的各种添加剂组成。它的构成不是一种简单的机械混合或物理变化，若从胶体化学的观点分析，可认为它是由作为稠化剂的分散相和作为基础油的分散介质高度分散而形成的二元胶分散体系。稠化剂分散于液体润滑剂中组成稳定的固体或半固体，加入添加剂是为了改善润滑脂的某些特性。

① 基础油　润滑脂的基础油一般占润滑脂含量的80%～90%，润滑脂的流动性和润滑性主要取决于基础油。基础油的类型决定了润滑脂的高温蒸发性能，基础油的黏度和凝点决定了润滑脂的低温泵送性和相似黏度，基础油的黏温性能大致决定了润滑脂的高、低温使用范围。

② 稠化剂　稠化剂一般占润滑脂质量的10%～20%。它的主要作用是悬浮油液、保持润滑脂与摩擦表面紧密接触，比润滑油对金属的附着能力更高、流动性更小，故能降低润滑脂的流失、滴落或溅散。它也具有一定的润滑、抗压、缓冲和密封效应。稠化剂一般对温度不敏感，润滑脂的稠度随温度的变化较小，因而润滑脂比润滑油有更好的黏温性能。稠化剂的耐热性和耐水性好。

常用的稠化剂有皂基稠化剂和非皂基稠化剂。其中，皂基稠化剂中脂肪酸金属皂是用得最多的稠化剂。

③ 添加剂　润滑脂的添加剂约占5%左右，它的作用是改善润滑脂的使用性能和寿命。按其功能不同可分为以下种类。

a. 结构改善剂　这种添加剂主要用来稳定润滑脂中的胶体结构，提高矿物油对皂的溶解度，故又称为胶溶剂。它主要是一些极性较强的半极性化合物，如甘油、乙醇等。其他如锂基脂中添加的环烷酸皂、钙基脂中添加的醋酸钙等，都属于结构改善剂。

b. 抗氧剂　影响润滑脂氧化的因素很多，皂就是一种易起"氧化强化剂"作用的物质。为了提高润滑脂的抗氧化能力，可在其中添加二苯胺、苯基-α-萘酸、苯基-β-萘胺等抗氧剂。

c. 极压抗磨剂　在高速、重载条件下，常在润滑脂中加入含硫、磷或氯的化合物，以提高润滑脂的油膜强度。这类添加剂有硫化、磷化的高级醇锌盐、磷酸酯类、有机酸皂类、氯化石蜡等。

d. 防锈添加剂　在环境潮湿的条件下以及仪器仪表有防锈要求时，使用的润滑脂中常加入防锈添加剂。防锈添加剂为表面活性大的极性化合物，通常采用亚硝酸钠、石油磺酸钡、二壬基萘硫酸钡等。

e. 抗水添加剂　指为了提高润滑脂的抗水性能加入的一种添加剂，主要用于无机稠化剂调制的润滑脂。例如，在硅胶表面覆盖一层有机硅氧烷，可提高硅胶基脂的抗水能力。

f. 增黏剂　增黏剂可使润滑脂更牢固地附着于金属表面上，同时仍保持自身的可塑性。通常增黏剂是乙丁烯、聚甲基丙烯酸酯等高分子聚合物。

g. 填料　填料是指加到润滑脂中的不溶解的固体物质。它可以提高润滑脂的抗磨性，也可在一定程度上提高使用温度。常用填料有石墨、二硫化钼、滑石粉、氧化锌、碳酸钙、炭黑、金属粉等。用得最多的是石墨和二硫化钼，它的添加量一般为 3%～5%。

在润滑脂中加入带润滑性的固体填料，可进一步提高润滑脂的润滑性和极压性。

（2）润滑脂的分类

常见润滑脂的分类方法有以下几种。

① 按组成分类　按组成分类时，可以按基础油分为矿物油润滑脂和合成油润滑脂。按稠化剂分，基本上可分为皂基润滑脂和非皂基润滑脂。皂基润滑脂分为单皂基、混合皂基及复合皂基等类型；非皂基润滑脂分为有机润滑脂、无机润滑脂及烃基润滑脂等类型；还有皂基和非皂基混合基润滑脂（如锂皂-膨润土脂、复合铝-膨润土脂）、非皂基复合润滑脂（如聚脲醋酸钙复合脂）等类型。

② 按应用分类

a. 按主要作用，可分为减摩润滑脂、保护润滑脂和密封润滑脂。

b. 按应用范围，可分为多效润滑脂、通用润滑脂和专用润滑脂。

c. 按摩擦部件，可分为滚动轴承润滑脂、齿轮润滑脂、阀门润滑脂和螺纹润滑脂等。

d. 按应用的工业领域、机械设备，可分为汽车工业用润滑脂、航空航天工业用润滑、钢铁工业用润滑脂、舰船用润滑脂、食品工业机械用润滑脂等，或分为车用、船用、飞机用、机械用润滑脂。

e. 按使用的温度范围可分为：

（a）低温用润滑脂，可工作于－40℃以下，甚至－60℃以下；

（b）高温用润滑脂，可工作于100℃以上，甚至高达300℃以上；

（c）宽温用润滑脂，如－60～120℃，－40～300℃等范围。

f. 按负荷，可分为重负荷极压润滑脂、普通用非极压润滑脂。

③ 按性能分类　按性能分类是指按润滑脂的理化性能进行分类。例如按稠度分为 NLGI 级的 000 号、00 号、0 号至 6 号几个等级。其中 000 号、00 号润滑脂很软，外观类似流体，称为半流体润滑脂；很硬的、外观似固体的则称为砖脂。一般用固体油膏状的润滑脂，还有按抗水性、防锈性、基础油黏度等分类的润滑脂。

为便于润滑脂的选择和使用，并注意到润滑脂的发展情况，国内外比较趋向于按应用并结合性能分类。如日本工业标准 JIS K2220—2013 按应用分类，并结合使用温度范围、负载大小等再分为若干种，分别制定产品标准。

关于润滑脂的分类，国际标准化组织（ISO）于 1987 年在 ISO 6743/9—1987 第 9 部分"润滑脂"中，公布了润滑剂和有关产品（L类）的分类标准。1990 年我国也发布了与上述标准等效的国家标准 GB/T 7631.8—1990。这套标准规定了润滑脂标记的字母顺序及定义，见表 1-5 及表 1-6。

表 1-5　润滑脂标记的字母顺序（GB/T 7631.8—1990）

L	X(字母 1)	字母 2	字母 3	字母 4	字母 5	稠度等级
润滑剂类	润滑脂组别	最低温度	最高温度	水污染 （抗水性、防铸性）	极压性	稠度号

表 1-6　X 组（润滑脂）的分类

代号字母(字母 1)	总的用途	使用要求								标记	备注
		操作温度范围				水污染	字母 4	负荷 EP	字母 5	稠度		
		最低温度/℃①	字母 2	最高温度/℃②	字母 3							
X	用润滑脂的场合	0 −20 −30 −40 <−40	A B C D E	60 90 120 140 160 180 >180	A B C D E F G	在水污染的条件下，润滑脂的润滑性、抗水性和防锈性	A B C D E F G H I	在高负荷或低负荷下表示润滑脂的润滑性和极压性，用 A 表示非极压型脂，B 表示极压型脂	AB	000 00 0 1 2 3 4 5 6	一种润滑脂的标记是由代号字母 X 与其他 4 个字母及稠度等级号联系在一起来标记的	包含在这个分类体系范围里的所有润滑脂彼此相容是不可能的。而由于缺乏相容性，可能导致润滑脂性能水平的剧烈降低，因此，在允许不同的润滑脂相接触之前，应和产销部门协商

① 设备启动或运转时或者泵送润滑脂时所经历的最低温度。

② 使用时被润滑的部件的最高温度。

（3）润滑脂的主要性能指标

了解和认识润滑脂的性能指标，对于正确选用润滑脂，确保其使用效果有着重要的作用。

润滑脂的主要性能指标如下。

① 理化性能

a. 外观　通过目测和感观来检验润滑脂的外观质量，具体是判断润滑脂的颜色、光泽、软硬度、黏附性、均匀性及纤维状况和拉丝性等。

b. 稠度　稠度表示润滑脂的软硬程度，一般用锥入度计测定。锥入度值越大，表示润滑脂稠度越小，润滑脂越软；反之，锥入度越小，表示润滑脂稠度越大，润滑脂越硬。

按照美国国家润滑脂协会（NLGI）的规定，润滑脂稠度按锥入度可分为 000、00、0、1、2、3、4、5、6 九个等级，其相对应的锥入度值和适用场合见表 1-7。

表 1-7　润滑脂稠度与锥入度值及适用场合对应表

NGGI 牌号	锥入度(25℃)	使用场合
000	445～475	开式齿轮、齿轮箱和减速器的润滑
00	400～430	
0	355～385	开式齿轮、齿轮箱或集中润滑系统
1	310～340	中速、中负荷的抗磨轴承润滑
2	265～295	较高速的针型轴承和滚子轴承润滑
3	220～250	中速、中负荷的抗磨轴承、汽车轮毂润滑

NGGI 牌号	锥入度（25℃）	使用场合
4	175～205	水泵，低速和高负荷的轴承，轴颈润滑
5	130～160	特殊条件下的润滑，如球磨机轴颈润滑
6	85～115	

c. 含皂量　对未知组成的润滑脂，有必要测定其含皂量与含油量。通过测定润滑脂的含皂量和含油量，可以了解该润滑脂的其他物理性能是否与含皂量相对应。如果润滑中含皂量超过所要求的数量，尽管在常温下的锥入度合适，但是低温性、启动力矩、分油等性能会有很大差异。

d. 含水量　润滑脂中的水分有两种形式。一种是游离的水分，除了钙基润滑脂外，游离水分的存在会影响润滑脂的使用性能，加速润滑脂酸化，导致金属部件锈蚀。更为严重的是会破坏润滑脂体系的结构，降低胶体安定性和机械安定性，导致润滑脂无法起到润滑作用。特别是钠基润滑脂，对于游离水特别敏感，在生产、使用和储存过程中要特别注意。另外一种就是结合的水分，它作为润滑脂结构胶溶剂存在。

e. 灰分　润滑脂的组分中稠化剂和添加剂在经过高温燃烧后都会产生灰分，灰分来源于金属氧化物、矿物油中的无机物和原料中的杂质。根据灰分的多少，可以粗略估计出润滑脂的皂含量和游离碱含量。灰分大的润滑脂，在使用过程中容易增加金属零件的磨损、腐蚀和积炭的产生，因而灰分对润滑脂的质量好坏有很重要的影响。

f. 机械杂质　润滑脂中的机械杂质指除稠化剂、固体添加剂或填充物以外的固体物质。一般来源有未反应的无机盐类、从制脂设备上磨损下来的金属微粒和在制脂及储存过程中从外界混入的杂质（如尘土、沙粒等）等。这些杂质会造成零件的擦伤和磨损，尤其对于精密的轴承和机床等设备使用的润滑脂，应该严格控制其机械杂质的含量。

g. 游离酸和游离碱　润滑脂中的游离酸特别是低分子有机酸或者过多的游离碱，都会引起金属部件的腐蚀以及润滑脂分油量的增大，稠度变软，滴点下降，影响实际使用性能。游离酸多数是矿物油氧化和皂化分解的产物。少量游离碱的存在，对抑制皂的水解是有利的，但过多则易引起皂的凝聚。应该严格控制游离酸和游离碱的含量。

h. 防锈性　润滑脂由于其良好的黏附特性，能在金属表面保持足够的脂膜，隔离水分、空气、酸性与腐蚀性气体或液体，以免其腐蚀金属表面，因而润滑脂比润滑油更能使金属表面不受侵蚀。

i. 橡胶配伍性　橡胶密封材料是防止外界污物进入设备零件的重要屏障，润滑脂与橡胶的配伍性直接影响到橡胶密封材料的使用寿命，因此要求润滑脂与橡胶的相容性好。一般采用润滑脂与合成橡胶的相容性和溶胀性来表征，即润滑脂与标准橡胶接触时标准橡胶体积和硬度发生变化的程度。

② 机械安定性和胶体安定性

a. 机械安定性　润滑脂的机械安定性是指润滑脂在机械剪切力作用下，其骨架结构体系抵抗从变形到流动的能力。机械安定性取决于稠化剂纤维本身的强度、纤维间接触点的吸附力和稠化剂量，而与基础油的黏度无直接关系。它是影响润滑脂使用寿命的重要因素。但润滑脂在机械作用下，稠化剂纤维的剪断是在所难免的，故润滑脂的稠度必然会因使用时间的延长而降低。

b. 胶体安定性　润滑脂的胶体安定性是指润滑脂在受热和受压的条件下，保持胶体结构稳定、基础油不被析出的能力。基础油析出是润滑脂的一种特性，微量的分油可以保持设备润滑，对润滑有利，但过度的分油会使胶体结构破坏，润滑脂变稠变硬，失去润滑作用，不能满足设备润滑的要求。胶体安定性取决于制备润滑脂的稠化剂含量、基础油的黏度以及稠化剂、基础油、添加剂之间的配伍性和制备工艺。

③ 氧化安定性和热安定性

a. 氧化安定性　润滑脂氧化安定性是指润滑脂在储存和使用过程中抗氧化的能力。润滑脂的氧化安定性主要与基础油、稠化剂和添加剂有关。润滑脂的使用温度范围较宽、工作环境复杂、有害物质侵入、较长的使用时间等，都对润滑脂的氧化具有促进作用。特别是皂基润滑脂中的金属离子，它是润滑脂氧化反应的催化剂，这种促进作用使得皂基润滑脂比润滑油更容易氧化。氧化将会产生腐蚀性、胶质和破坏润滑脂结构的物质，这些物质容易引起金属部件的腐蚀，降低润滑脂的使用寿命。

b. 热安定性　热安定性是指润滑脂在受热环境下的胶体安定性和使用寿命，它与润滑脂中的基础油和稠化剂有关。润滑脂在高温条件下使用时，不仅会加速润滑脂基础油的蒸发，而且还会加速润滑脂的氧化和大量分油，导致润滑脂的胶体结构破坏而使润滑失效。一般用滴点作为润滑脂热安定性的指标。滴点是指润滑脂从不流动态转变为流动态的温度，用它预测润滑脂的最高使用温度界限。滴点越高，表明该润滑脂的热安定性越好。一般情况下应该选择滴点高于使用部位温度 15℃ 以上的润滑脂产品，才能起到润滑和防护的作用。

④ 抗水性和防腐蚀性

a. 抗水性　润滑脂抗水性是指润滑脂与水或水蒸气接触时抗水冲洗和抗乳化的能力，主要与润滑脂的稠化剂类型有关。一些设备需要在水或水蒸气存在的条件下运转，因而采用润滑的润滑脂必须具有良好的抗水性，否则润滑脂会在潮湿的环境中因吸水而逐渐乳化变质，最终导致其结构破坏流失，润滑失效，设备腐蚀损坏。

b. 防腐蚀性　润滑脂的防腐蚀性主要是指润滑脂可以保护金属表面免于锈蚀的能力。设备处于空气、水及一些腐蚀性气体或液体环境中，如果润滑脂的防腐蚀性能较差，则设备容易被腐蚀。润滑脂的防腐蚀性主要是用"润滑脂铜片腐蚀试验"测定的。

⑤ 极压性和抗磨性

a. 极压性　润滑脂涂在相互接触的金属表面形成脂膜，其能承载轴向和径向负荷的特性，叫润滑脂的极压性。一般来说，在润滑脂中添加极压剂，如含有二硫化钼或有机钼的化合物等，可以提高润滑脂的极压性。

b. 抗磨性　润滑脂涂在相互接触的金属表面形成脂膜，其能减轻表面的摩擦和磨损，防止烧结的特性，叫润滑脂的抗磨性。

任务 1.3　润滑油的选用、代用及更换

【任务描述】

机械设备运转时，首先要正确选用润滑剂。若选用不当，会直接影响设备的使用寿命。

【任务目标】

了解润滑油的选用及更换原则。

1.3.1 润滑油的选用

在购进新机器设备时,首先遇到的一个问题就是正确选用润滑剂。如果选用不当,设备就会出现故障,甚至产生设备毁坏的严重后果。润滑油的选择,原则上必须满足能够降低摩擦阻力和能源消耗,减小表面磨损,延长设备使用寿命,保障设备正常运转,并同时解决冷却、污染和腐蚀问题的要求。在具体选择油品时,主要根据机械设备摩擦副的工作条件选用。这时要考虑以下问题。

(1) 载荷

摩擦副所承受的载荷大时,应选用黏度大或油性、极压性良好的润滑油;载荷小时,则选用黏度小的润滑油。承受间隙性或冲击载荷时,应选用黏度较大或极压性好的润滑油。

(2) 运动速度

摩擦副相对运动速度大时,选用黏度较小的润滑油;相对运动速度小时,可选用黏度大些的润滑油。

(3) 温度

温度是指环境温度和工作温度。当环境温度低时,应选用低凝点的润滑油;当环境温度高时,则选用凝点较高的润滑油。设备零件所处的工作温度高时,应选用黏度较大、闪点较高、氧化安定性较好的润滑油,甚至可以选用固体润滑剂;在工作温度变化范围较大的润滑部位,要选用黏温性能好的润滑油。

(4) 工作环境

在潮湿的工作环境里,或与水接触较多的工作条件下,应选用抗乳化性较强、油性和防锈性能较好的润滑油。

按照摩擦副选油的方法,可在工程手册中有关的图表上很方便地查到。

除上述最基本的选油方法外,还有以下两种选油思路。

① 选用的润滑油名称及其性能与所使用的机械设备或机器零件名称相一致。工业润滑油是按机械设备及润滑部位的名称来命名的,例如齿轮油用于齿轮传动部位,液压油用于液压传动系统,汽油机油用于汽油发动机的润滑等。所以,可按照油品名称选油。但应注意,不同厂家,其产品的质量也有所不同。

② 参考设备制造厂家推荐选用的油品。设备制造厂家应对润滑油有所了解和熟悉,并应按照摩擦副的工作条件推荐选用合适的润滑油。

1.3.2 润滑油的代用

必须强调,应该正确选用润滑油,尽可能避免代用,更不允许乱代用。但在实际使用中,可能会出现一时买不到合适润滑油的情况,或新试制(或引进)的设备,相应的新的润滑油试制或生产尚未完成,这时则需要选择代用润滑油。

润滑油的代用原则如下。

① 代用的润滑油首先要满足设备的工作条件要求。例如,要考虑环境温度和工作温度;

工作温度变化大的机械设备，代用油品的黏温性要好些；高温工作的机械设备，要考虑代用油的闪点和氧化安定性能否满足工作要求。

② 尽量用同种类润滑油或性能相近、添加剂类型相似的润滑油。

③ 一般情况，使用黏度相同或黏度稍高一级的润滑油代用。

④ 选用质量高一挡的润滑油代用，保证设备润滑可靠。

选好代用润滑油后，应试运行，确认润滑可靠后方可正式代用。

1.3.3 润滑油的混用

在润滑油的实际使用中，有时会发生一种润滑油与另一种润滑油混用的情况，包括国产润滑油与国外润滑油之间、不同种类润滑油之间、同一种类不同厂家润滑油之间、同一种类不同牌号润滑油之间、新润滑油与正在使用润滑油之间混用等。润滑油混用后，能否保证质量？哪些润滑油可以混用？混用应注意哪些问题？这些都需要认真探讨和试验。

① 一般情况下，应尽量避免混用。因为混用后，其黏度、闪点、密度、酸值、残炭及灰分均有变化，而且会因添加剂不同影响润滑油的相容性，产生沉淀等异常现象。

② 在以下特殊情况下，可以考虑混合：

a. 高质量润滑油混入低质量润滑油，仍用于原使用的机器设备；

b. 同一种类但不同牌号的润滑油若要混用，需调整润滑油黏度、闪点等理化性能，经正确的掺配后方可混用。

③ 对于尚不了解其性能的润滑油，如果确实需要混用，应在混用前做混用试验。如果混用试验中发现有异味或有沉淀生成，则不能混用。即使无异味，无沉淀生成，也最好测定混用前后润滑油的主要理化性能，以做判断和比较。

④ 对混用油品的使用情况要跟踪检测。

1.3.4 润滑油的更换

润滑油的适时更换和更换周期的确定，应该科学、合理。比较科学可靠的方法是依据润滑油的质量指标来确定是否需要更换，也就是"以按质换油取代按时换油"。

① 参考设备制造厂推荐的换油周期，考察设备的实际运转情况，例如运转是否正常，有无振动、噪声，有无发热，油压是否正常，过滤器是否完好等，做出是否要抽取油样检验的决定。

② 根据润滑油检验情况确定是否更换润滑油。对于机械设备来讲，一般检验润滑油的黏度、酸值、水分、闪点、杂质、总酸值或总碱值等常规理化性能指标；特殊工况，还要考虑检验相关指标，例如重载情况时需要检验极压性，若是液压油还要检验其清洁度等。

有了检验结果，还要分析这些指标对润滑油质量的具体影响，才能决定是否更换。例如黏度超标、酸值过大或水分引起油液乳化等，均应采取更换的方法。

润滑油的更换是一个比较复杂的问题，要对设备的实际运转情况和油品的检验结果做具体分析，并在实践中不断总结，以制订出合理的设备换油指标和换油周期。相关手册中的各种润滑油换油指标的国家标准和专业标准也可供参考。

任务 1.4　认识风机润滑系统

【任务描述】

合理选择和设计机械设备的润滑方法、润滑系统和装置对于设备保持良好的润滑状态和工作性能，以及获得较长使用寿命都具有重要的意义。

【任务目标】

了解集中润滑系统和风机润滑系统的工作原理及组成。

合理选择和设计机械设备的润滑方法、润滑系统和装置，对于设备保持良好的润滑状态和工作性能，以及获得较长的使用寿命都具有重要的意义。润滑系统的选择和设计包含润滑剂的输送、控制、冷却、净化，以及压力、温度、流量等参数的监控。同时还应考虑以下三个方面的情况：摩擦副类型及工作条件、润滑类型及其性能、润滑方法及供油条件。

在对设备及其润滑要求全面了解和分析的基础上，选择润滑系统的原则如下：

① 确定润滑剂的品种；

② 首先保证主要零部件的润滑，然后综合考虑其他部位润滑；

③ 避免产生不适当的摩擦、噪声和温升，使摩擦副提前失效、损伤；

④ 便于保养维修。

1.4.1　润滑方法

机械设备所使用的润滑方法主要有分散润滑和集中润滑两大类型，它们又可分为全损耗性和循环式两类。此外，还可根据润滑剂的类型分为润滑油润滑和润滑脂润滑。

（1）分散润滑

分散润滑是指针对个别的、分散的润滑点实施的润滑方式。润滑方式具体有手工加油润滑、油绳润滑、飞溅式润滑、油浴式润滑、油杯润滑及油链润滑等。常用的加油工具有油壶、油枪、气溶胶喷枪等。

（2）集中润滑

集中润滑是指对设备中众多的润滑点使用供油系统提供润滑的方式。根据操作方法，集中润滑可分为手动、半自动及自动操作三种类型。

按照润滑方式，集中润滑又可分为全损耗系统、循环系统和静压系统三种基本类型。其中全损耗润滑系统是指润滑剂送至润滑点以后，不再回收循环使用，常用于润滑剂回收困难或无须回收、需油量很小、难以安置油箱或油池的场合。循环系统是润滑剂送至润滑点进行润滑以后又流回油箱再循环使用。静压系统则是利用外部的供油装置，将具有一定压力的润滑剂输送到静压轴承中进行的润滑系统。风机的润滑根据机型不同，采取的集中润滑方式也不同，有自动循环润滑，也有手动，还有静压系统润滑。

1.4.2　润滑系统的分类和形式

图 1-14 清楚地表示了润滑系统的分类情况。

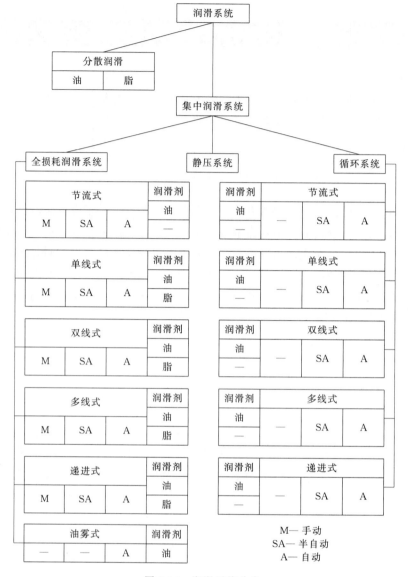

图 1-14 润滑系统分类

机械设备中广泛使用的集中润滑系统，有下列几种形式。

（1）节流式

利用流体阻力分配润滑剂，其流量正比于压力和节流孔孔径。这种方式的供油压力为 0.2～1.5MPa，润滑点可达 300 点以上。

（2）单线式

主油管送油至方向阀，利用方向阀结构，间断地向润滑点供油。其供油压力在 0.3～21MPa 之间，可供 200 点以上的润滑点。

（3）双线式

借助方向阀实现其后两条主油路的交替供油，再利用润滑剂交替变化的压力升降，操纵定量分配器，把定量润滑剂送至各润滑点。其供油压力在 0.3～21MPa 之间，可供 2000 个润滑点。

（4）多线式

多头油泵的多个出口，可通过管路直接将定量的润滑剂送至相应的润滑点。其供油压力在 0.3～21MPa 之间，可供 2000 个润滑点。

（5）递进式

由压力升降操纵定量分配器，按预定的递进程序将润滑油送至各润滑点。其供油压力在 0.3～21MPa 之间，可供 800 个润滑点。

（6）油雾式

油雾器产生可悬浮于气流中的润滑油颗粒（油雾），将其通过管路送至凝缩嘴，由凝缩嘴将油雾转变成所需粒度并送至润滑点。

1.4.3　集中润滑系统

集中润滑系统的主要特点是准确，定时定量，效率高，使用方便，提高设备的使用寿命，保证机器的使用性能。

（1）集中润滑系统的分类与组成

集中润滑系统的分类方法较多，可按管路设置、回油方式、运动状态或润滑元件分类。无论是哪一类型，系统包含的组成部分大致相同。

① 油源部分　由油箱、过滤器、油泵及动力组成。油源部分的作用是提供干净的润滑油液。

② 控制部分　包括分配阀、阀门、控制装置、仪表、报警及监测装置。控制部分的作用是使油液按需要向各润滑点供油，并用各种方法监测工作状态，做好故障预报及诊断。

③ 其他部分　主要指管路、冷却器、热交换器等辅助部分。它们使润滑油路畅通，润滑油供给正常。

（2）稀油集中润滑系统

① 单线阻尼润滑系统，如图 1-15 所示。

这种系统由供油部分、柱塞分配器、压力监控部分及管路组成。供油部分是由电动机、油泵、油箱、过滤器等组合而成的液压站。油液经油泵泵出，经一条主油管道送至分配器。在这里，油液将按比例分配供给各润滑点。压力开关监测油路油压，将信号传递给控制元件，进一步控制供油电动机的转速，改变供油泵输出油量的大小。

这种系统一般用于循环润滑系统，适合于油量需要较少、周期性供油的机床润滑。它可以改变油量大小，具有一定的灵活性；润滑点的少量增减不影响系统的正常运作；一旦某个润滑点出现故障，其他润滑点也不会受到影响。

② 双线润滑系统，如图 1-16 所示。

与单线润滑系统相比，双线润滑系统在结构上（元件、管路）有所不同，使用了大流量油泵；除了分配器、压力开关外，增加了换向阀；

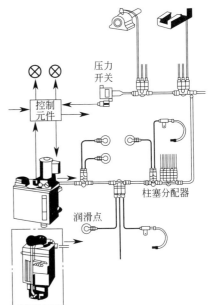

图 1-15　单线阻尼润滑系统

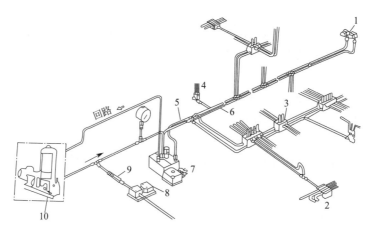

图 1-16　双线润滑系统

1—压力开关；2—递进式分配器；3—双线分配器；

4—单线分配器；5—主线一；6—主线二；7—二位四通换向阀；

8—电动堵塞显示器；9—换向阀；10—油泵

主管路增至两条；监控系统也增加了堵塞显示器及调压阀。

油液从油泵出来后，由主管道向分配器（分流器）供油。该系统采用单线分配器、双线分配器及递进分配器向各润滑点提供润滑油。

二位四通换向阀的作用是改变主油管的功能。当换向阀是主油管之一（比如图中主线）供油时，另一主油管则处于卸压状态，即该油管中未用的油液返回油箱。管路末端的压力开关则是换向阀的控制元件。当各润滑点已经得到润滑后，油路中的油液压力升高，压力开关动作，换向阀换向，并为另一主管路供油做准备。

③ 递进式润滑系统，如图 1-17 所示。

同其他润滑系统一样，递进式润滑系统主要由泵站、分配器、控制器组成。系统具有压力高、定量、准确的特点，并能对任一润滑点的故障做出准确预报，终止运行。

递进式分配器是该系统的关键，如图 1-18 所示。递进式分配器由进油板 D、终端板 E 及若干供油板组成。每块供油板都有两个排油口，根据润滑点的数量选用供油板。

图 1-18 选用 A、B、C 三块供油板的分配器。

图中 1～6 是出油口的代号，也是分配器的出油顺序。其工作原理如下（以图示工作状态为例）。

a. 油液经供给口同时向 A、B、C 供油。

b. 供油板 B 的阀芯在右位，油液经内部油路进入 A 板左腔（如箭头所示），迫使阀芯置于右位。进入 C 板的油液经阀芯后再进入 B 板左腔，所以 B 板处于图示位置。

c. 进入 A 板的油液，经左边通路进入 C 板右腔，迫使阀芯左移。左腔油液流出，经管路进入 A 板中部右腔，再经管路流出通路 I。

由于 C 板阀芯左移，由供给口来的油液换位进入 C 板中部右边油腔，再进入 B 板右腔，使 B 板阀芯左移，左腔油液经换位后经 C 板阀芯中部左腔流向出口 2。

d. B 板阀芯移位，使通过供给口的油液经 B 板中部右腔进入 A 板右腔，其阀芯左移，左腔油液经 B 板中部左腔流向通路 3。

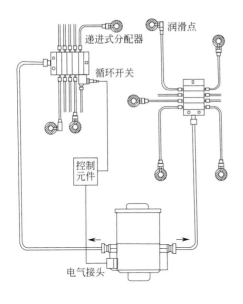

图 1-17 递进式润滑系统

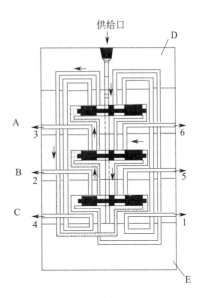

图 1-18 递进式分配器工作原理
1～6—出油口；A、B、C—供油板；
D—进油板；E—终端板

三块板的阀芯均换至左位，实现 1、2、3 供油口向润滑点供油。

同理可分析出其他三个出油口的供油顺序。

④ 油雾润滑系统 指将油雾润滑装置与其他相应的部分组合而成的润滑系统，如图 1-19 所示。该润滑系包括动力、控制、冷却、监测等部分。它具有油温、油雾压力、油雾浓度 及油雾量等参数的监控功能，能对多种润滑点实施润滑。

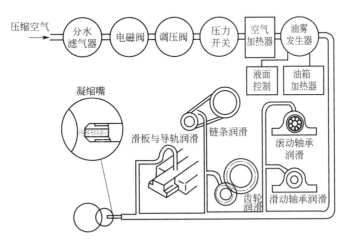

图 1-19 油雾润滑系统图

1.4.4 风力发电机组润滑系统 WINLUB

(1) 系统说明

① 系统应用 风力发电机组集中润滑系统（WINLUB）主要应用于各类风力发电机的

集中润滑，以降低轴承和齿轮的磨耗，从而降低风机的维护成本。分系统按风机要求安装在风机的不同部位上，由电动机驱动。风机运行时，当系统启动驱动电机后，由中央控制器启动润滑泵，润滑系统按事先计算好的供油周期和供油量对润滑部位补充油脂，避免由于干摩擦导致风机部件的磨损和损坏。如图1-20所示。

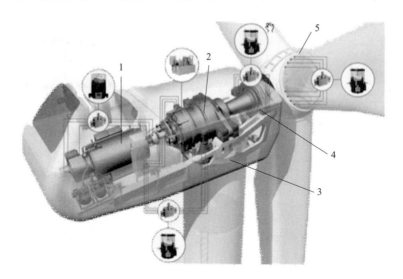

图 1-20　风力发电机组润滑系统 WINLUB

1—发电机轴承润滑；2—齿轮箱润滑；3—偏航润滑；4—主轴润滑；5—变桨润滑

② 系统特点

a. 采用集中润滑 MVB 精确计量润滑剂，减少润滑剂消耗。

b. 整个风机由五套分系统组成，可随意组合，采用机械式驱动，稳定并安全可靠。

c. 实时监控，减轻维护工作，节省维护成本。

③ 系统控制　WINLUB 润滑系统控制模式：

a. 时间控制　控制系统根据设定的时间间隔控制系统润滑进程，系统工作时间及间隔时间可调，根据需求可通过控制器设定；

b. 中控控制　风机运行一定时间后，由控制系统或其他控制系统发出信号，启动系统，根据需求可通过中控控制器设定；

c. 传感器控制　根据风机气象站的传感器信号，启动变桨和偏航润滑系统。

各种控制模式，可以根据应用需求组合使用。

WINLUB 可以由中控系统直接控制，这种情况下，无需安装 BIJUR DELIMON 程控控制系统。

（2）润滑泵介绍

① FS 电动油脂泵　FS 系列电动油脂泵是利用直流电机驱动的油脂润滑泵，电源采用直流24V；电机可防尘、防雨，油罐直径比传统油罐更大，内径达 220mm；压油盘型油罐内置旋转叶片锥形弹簧，压油盘沿中间导向杆上下运动；油刮型底座采用等壁厚凸轮设计，使残油尽量减少；该润滑泵内置有程控器、低液位报警开关和安全阀，并可将液位报警信号对外输出。

该系列润滑泵有 4L、6L、8L、10L 四种机型，油罐材料为透明塑料。其输出压力高，最高可达 30MPa；有 1～3 个出油口，每个出油口配有超压安全保护装置，并且每个出口可以和分配元件组成独立的润滑系统。

　　FS 系列电动油脂润滑泵可与递进式分配器组成递进式润滑系统（PRG）。通过程控器，可将润滑脂定时定量地输送至各个润滑点。

　　该泵可用于风电、工程机械、行走机械、机床等机械设备。

　　工作原理　直流减速电机带动偏心轮旋转，偏心轮带动柱塞做往复运动，进而完成吸油和排油过程。柱塞输出油口与安全阀并联，系统最高工作压力由安全阀调定（出厂时均已调为 30MPa）。在 PRG 系统中，每个出油口由各自的分配器组成的独立润滑系统，在程控器控制下，可将润滑脂定时定量地输送至各个润滑点。

　　② TB-L 电动油脂泵　TB-L 电动油脂泵是依靠直流电机驱动的油脂润滑泵，可用于递进式润滑系统（PRG）。该润滑泵集泵、递进式分配块（MVBB）和程控器于一体，成为一套完整的润滑系统，最多能支持 18 个润滑点。它可以对 MVBB 的工作状况进行全程监控，并带有低液位报警装置。当润滑系统出现故障或油罐中润滑脂低于低液位状态时，程控器黄色报警指示灯亮起并可对外输出报警信号，同时润滑泵停止工作。

　　该泵广泛用于行走机械、运输、机床、纺织、锻压、风力发电等机械设备。

　　a. **工作原理**　直流减速电机通过一对齿轮减速机构带动偏心轮旋转，进而推动柱塞做往复运动。润滑泵通过柱塞的往复运动实现吸油和注油过程。润滑脂经过单向阀进入集成在泵体支架上的递进式分配块（MVBB），然后由递进式分配块（提供不超过 18 个点的出油口）进入各个润滑点。该润滑泵内置有安全阀，当系统压力超过 200MPa 时，安全阀自动打开，润滑脂流回油罐，当系统压力低于

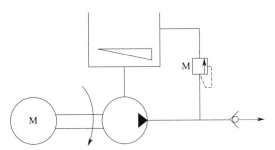

图 1-21　TB-L 电动油脂泵工作原理图

30MPa 时，安全阀自动关闭，润滑系统恢复正常工作。如图 1-21 所示。

　　b. 润滑泵的调试

　　（a）按照外形图安装尺寸将润滑泵固定好。

　　（b）通过充脂口给泵充脂，务必使用指定黏度范围内的清洁润滑油脂。

　　（c）将电源线及报警信号线按要求接好（注意电源电压应与电机额定电压相符，并注意电源的正负极）。

　　（d）检查润滑泵与系统接头部分连接处是否有渗漏，确认电源与泵之间，按接线要求正确接线。

　　（e）检查各接头及连接处是否有渗漏，确保各连接处连接可靠。

　　c. 油脂泵的使用与维护

　　（a）连接油管前应仔细冲洗（或冲净）所有注油管道，使管道净化，防止脏物堵塞油管或进入润滑点损坏设备。

　　（b）加脂须从加油口用加油工具注入，以防混入空气。

　　（c）所有螺纹密封处不允许使用生胶带、麻丝等填充物。

　　（d）为延长润滑泵使用寿命，应避免润滑泵长时间连续供脂：最长工作时间不应超过 5min，间歇时间不应小于 2min。

（3）MVB 递进式分配器

整体递进式分配器 MVB 可在小型润滑系统中为各润滑点提高计量润滑，具有节能、高效的优点，广泛用于机床、各种通用机械、塑料机械、造纸机械、纺织机械、印刷、包装机械以及车辆等润滑。

MVB 递进式分配器具有以下特点：

a. 出油口润滑剂输出量精准；

b. 设计结构紧凑；

c. 安装简易方便；

d. 出油组件内置单向阀；

e. 柱塞副经精密研磨；

f. 监控组件独特。

① 工作原理　一组典型的 MVB 递进式分配器可提供 6、8、10、12、14、16、18 或 20 个润滑点的润滑。可提供 0.17ml/cyc，通过拆除堵头和钢球以及更换出油堵塞，可提供 0.34ml/cyc、0.51ml/cyc 等 0.17ml/cyc 的整数倍数的排量。柱塞套通过油孔相连，以便建立压力。只要有压力的润滑剂进入进油口，分配器就会以递进式的方式连续运行，并以恒定的排量注油。一旦供给的压力润滑剂流动停止了，分配器中的所有柱塞也就停止运动了。因此，通过安装特定的指示器观察一个出油口柱塞的运动，便可监测整个分配器的运行状况。一旦发生堵塞，便会报警。

除距进油口最近的柱塞副是将润滑剂由距进油口最远的出油口排出，阀体内其他柱塞副均是将定量的润滑剂通过相邻下一出油口排出。

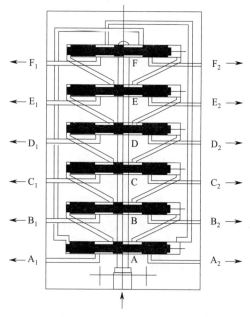

图 1-22　MVB 递进式分配器的工作原理

如图 1-22 所示，当润滑剂从进油口进入分配器后，推动柱塞 A 向出油口 A_1 的方向移动到极限位置，同时润滑剂从出油口 F_2 排出。然后随着润滑剂在主线中继续流动，推动柱塞 B 向出油口 B_1 的方向移动到极限位置，同时润滑剂从出油口 A_1 排出，接下来是润滑剂推动柱塞 C 向 C_1 的方向移动到极限位置，同时润滑剂从出油口 B_1 排出。依次类推。当所有的柱塞都移动到左边的极限位置后，润滑剂开始推动柱塞 A 向出油口 A_2 的方向移动到极限位置，同时润滑剂从出油口 F_1 排出。接下来是柱塞 B 和 C 开始向右边移动，同时柱塞 B 推动润滑剂从出油口 A_2 排出，而柱塞 C 推动润滑剂从出油口 B_2 排出。照此循环完成一个周期。一个 MVB 分配器至少需要三对柱塞才能正常工作。

② 分配器调试

a. 当分配器带有电动循环指示器时，可按示意图接线。电动循环指示器末端配有指示灯，可用于目视监控分配器的工作情况。

b. 分配器应安装在易于安装维护和可见之处，以便操作人员能够看见循环指示器的工作状况或其他异常情况。

c. 将分配器的进油口向上垂直进行安装方式是最佳的，因为这样易于排出夹带的空气。

d. 系统的所有油管必须清洗干净，并用洁净的高压空气吹干。

e. 由于分配器是精密的柱塞副组件，所以润滑泵的出油口须接油脂过滤器。

f. 首次安装的系统，应先在系统管路中充满油脂后再接入分配器，以保证排尽系统中的空气。

③ 分配器的使用与维护

a. 分配器及系统都必须使用清洁的润滑油（脂）。

b. 定期检查滤油（脂）器滤芯，发现堵塞应及时更换。

c. 每天应定时巡视各分配器的工作情况，以便出现异常情况时及时处理。

d. 当需要进行维修时，拆卸阀体两端的螺塞，再小心地将柱塞取出，并将柱塞和阀体清洗干净。清洗后还需用洁净的高压气吹净阀体上的各孔。最后将柱塞涂上少许清洁的润滑油，使柱塞流畅地滑进阀体的圆柱孔内。因为分配器的柱塞与阀体是配研的，所以如维修拆卸柱塞，应注意柱塞对应位置和插入方向。重新装配完成后，可采用手动泵或高压充脂枪来试验维修装配的情况。如各柱塞运行良好，排油正常，则可把分配器安装到润滑系统中再次进行工作了。

（4）WLP 润滑油齿轮

针对风力发电机的特殊情况，采用的是机械式的润滑方式。润滑小齿轮（WLP）能给每个需要润滑的轮齿提供全面的润滑，选用高黏度的润滑脂，可以对齿轮进行良好的润滑，同时还能防止高温条件下的滴油。WLP 齿轮注油器自身具有含油功能，即使出现故障的时候，也能确保齿面短时间内有新鲜的润滑剂补充，并且可以保证只在啮合位置才出油。

（5）系统常见的故障分析

如表 1-8 所示。

表 1-8　润滑系统常见故障分析

现象	原因	排除方法
出油口不出油	电机不转	检查电源或电阻
	油罐底部有空气	加脂时不要混入空气
压力建立不起来	管道接头漏油脂	检查排除漏脂故障
	泵体组件损坏	与厂家联系

参照图 1-23 分析，进行判断及维修。

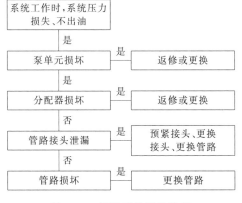

图 1-23　润滑系统维修流程

（6）风电润滑剂的选用

① 选用的风电润滑剂应适用于各型式轴承及齿轮。

② 选用的风电润滑剂应能适用于 WINLUB 润滑设备，不影响设备工作。

③ 选用润滑剂时应考虑：工作温度范围、使用周期、极压性能、黏附性、相溶性、生物可降解性、黏度、毒性、稳定性和抗磨性。

尽量使用与系统设备配套的 BIJUR DELIMON 风机专用润滑剂。

项目2

风力发电机组密封技术

【项目描述】

为了防止润滑油脂从机械设备中泄漏出来，并不让外界的脏物、灰尘等进入设备内部，机器设备必须进行密封。机器密封不良会影响使用寿命。

【项目目标】

了解密封的分类及密封结构。

2.1 密封简介

为了防止润滑油脂从机器设备结合面的间隙中泄漏出来，并不让外界的脏物、尘土、水和有害气体侵入，或是防止液压或气压的介质泄漏，和防止吸入空气，机器设备必须进行密封。如果机器设备密封不良，不仅会使机器设备失去正常的维护条件，影响其寿命，而且往往会造成生产的停顿和带来事故，因此必须重视和认真做好机器设备的密封工作。

密封可分为静密封和动密封两大类。静密封主要有垫片密封、密封胶密封和直接接触密封三大类，根据工作压力，静密封又分为中低压静密封和高压静密封。中低压静密封常用材质较软、宽度较宽的垫片密封，如箱体结合面、法兰盘结合面连接等。高压静密封则用材质较硬、接触宽度很窄的金属垫片。动密封可以分为旋转密封和往复密封两种基本类型；按密封件与其做相对运动的零部件是否接触，可分为接触式密封和非接触式密封；按密封件的接触位置可分为圆周密封和端面密封，端面密封又称为机械密封。动密封中离心密封和螺旋密封是借助机器运转时给介质以动力得到密封，故有时又称为动力密封，如转动轴与孔之间的密封。密封装置的种类很多，应根据介质种类、工作压力、工作温度、外界环境等工作条件、设备的结构和精度进行选择。

2.2 密封的分类

2.2.1 常用静密封的分类

(1) 法兰连接垫片密封

在两连接件（如法兰）的密封面之间垫上不同形式的密封垫片，如非金属、非金属与金属的复合垫片或金属垫片，然后将螺纹或螺栓拧紧，拧紧力使垫片产生弹性和塑性变形，堵塞密封面的不平处，达到密封的目的。密封垫的形式有平垫片、齿形垫片、透镜垫、金属丝垫等，广泛应用于设备法兰和管法兰的密封。

(2) 自紧密封

密封元件不仅受外部连接件施加的力进行密封，而且还依靠介质的压力压紧密封元件进行密封，介质压力越高，对密封元件施加的压紧力就越大。适用于化工高压容器法兰密封。

(3) 橡胶圈密封

结构简单，重量轻，密封可靠，适用于快速装拆的场合。O形环材料一般为橡胶，最高使用温度为200℃，工作压力为0.4MPa。若压力较高或者为了密封更加可靠，可用两个O形环。

(4) 漆胶密封

漆胶密封是利用机件结合面用油漆或密封胶进行密封。用刮涂、压注等方法将密封胶涂在要紧压的两个面上，靠胶的浸润性填满密封面凹凸不平处，形成一层薄膜，能有限地起到密封作用。为保证机件正确配合，在结合面处不允许有间隙时，一般不允许加衬垫，这时一般用漆片或密封胶进行密封。

2.2.2 常见动密封的分类

(1) 填料密封

① 毛毡密封　在壳体槽内填以毛毡圈，以堵塞泄漏间隙，达到密封的目的。毛毡具有天然弹性，呈松孔海绵状，可储存润滑油和防尘。轴旋转时，毛毡又将润滑油从轴上刮下，反复自行润滑。一般用于低速、常温、常压的电机、齿轮箱等机械中，用以密封润滑脂、油、黏度大的液体及防尘，但不用于气体密封。图2-1是风机带轮安装的毛毡密封。

② 软填料密封　在轴与壳体之间充填软填料（俗称盘根），然后用压盖和螺钉压紧，以达到密封的目的。填料压紧力沿轴向分布不均匀，轴在靠近压盖处磨损最快。压力低时，轴转速可高，反之，转速要低。如图2-2所示。一般用于液体或气体介质往复运动和旋转运动的密封，广泛用于各种阀门、泵类，如水泵、真空泵等。

(2) 油封密封

在自由状态下，油封内径比轴径小，即有一定的过盈量。油封装到轴上后，其刃口的压力和自紧弹簧的收缩力对密封轴产生一定的径向拖紧力，遮断泄漏间隙，达到密封的目的。

油封有有骨架和无骨架、有弹簧与无弹簧型，如图2-3所示。油封安装位置小，轴向尺

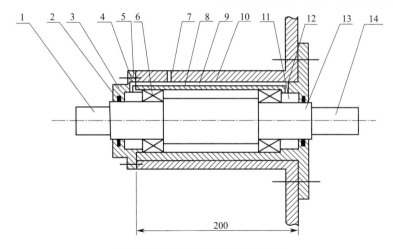

图 2-1 风机带轮安装的毛毡密封

1—带轮安装处；2—羊毛毡密封圈；3—端盖；4—外轴承室；5—端盖油孔；6—轴承；7—注油孔；
8—内套；9—油槽；10—风机室；11—内轴承室；12—内轴承室油孔；13—轴；14—风机带轮安装处

寸小，使机器紧凑；密封性能好，使用寿命较长；对机器的振动和主轴的偏心都有一定的适应性；拆卸容易、检修方便、价格便宜，但不能承受高压。常用于液体密封，尤其广泛用于尺寸不大的旋转传动装置中密封润滑油，也用于封气和防尘。

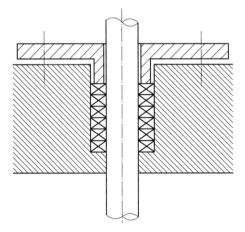

图 2-2 软填料密封结构

图 2-3 油封密封（有骨架有弹簧）

（3）涨圈密封

将带切口的弹性环放入槽中，由于涨圈本身的弹力，而使其外圈紧贴在壳体上，涨圈外径与壳体间无相对转动。

由于介质压力的作用，涨圈一端面贴合在涨圈槽的一侧产生相对运动，用液体进行润滑和堵漏，从而达到密封。一般用于液体介质密封，广泛用于密封油的装置。用于气体密封时，要有油润滑摩擦面。

（4）机械密封

光滑而平直的动环和静环的断面，靠弹性构建和密封介质的压力使其互相贴合并做相对转动，断面间维持一层极薄的液体膜而达到密封的目的。如图 2-4 所示。应用于密封各种不同黏度、有毒、易燃、易爆、强腐蚀性和含腐蚀性固体颗粒的介质，寿命可达 25000h。

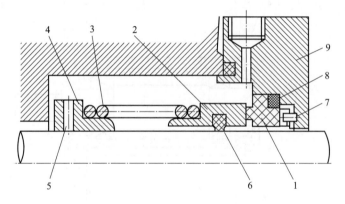

图 2-4 机械密封原理图

1—静环；2—动环；3—弹簧；4—弹簧座；5—固定螺钉；

6—密封圈；7—防转销；8—密封圈；9—压盖

项目3

安全基本要求

【项目描述】

风电场安全工作，必须坚持"安全第一，预防为主，综合治理"的方针，加强人员安全培训，完善安全生产条件，严格执行安全技术要求，确保人身和设备安全。

【项目目标】

① 掌握安全基本要求。

② 掌握安全防护措施及应急处理。

3.1 安全基本要求

在风力发电机组的工作过程中，必须正确地使用工作设备和所有防护性设备。存在安全隐患时，不允许进行操作。如果出现安全事故，必须及时报告至相关部门。

对风力发电机组进行任何维护工作前，必须将远程控制切换到就地模式，且在设备周围设置警告标志，避免在不知情的情况下启动设备，造成人员伤亡。

进入工作现场必须戴安全帽，登塔作业必须系安全带、穿防护鞋、戴防滑手套，使用防坠落保护装置，登塔人员体重及负重之和不宜超过100kg。身体不适、情绪不稳定，不应登塔作业。

对机组进行任何维护和检修，必须首先使风力发电机组停止工作，制动器处于制动状态并将叶轮锁锁定。特殊情况需在风力发电机处于工作状态或叶轮处于转动状态下进行维护或检修时（如检查轮齿啮合、噪声、振动等状态时），必须确保有人守在急停按钮旁，可随时停机。

在风力发电机组上工作时，操作人员周围必须有逃生设备，以使得他们可以快速撤离至安全环境。在需要撤离的紧急情况下，操作人员必须对设备及其使用方法非常熟悉。在任何时候，紧急下降设备的使用说明书都必须与设备放在一起，且必须在不打开设备的情况下可以查看说明书。在机舱紧急出口框架上方有逃生支架，可用于紧急下降设备的悬挂。

所有在风力发电机组中进行相关工作的人员必须遵守《风力发电场安全规程》，避免产生对人身和设备的伤害。

3.2 人员要求

在风力发电机组中进行相关工作的人员，必须符合《风力发电场安全规程》中风电场工作人员基本要求，并得到切实可行的保护。

风电场工作人员应没有妨碍工作的疾病，患有高血压、恐高症、癫痫、晕厥、心脏病、美尼尔病、四肢骨关节及运动功能障碍等病症的人员，不应从事风电场的高空作业。

只有由制造商指定并经过培训的专业人员，才可以进行风力发电机组的安装运行及维护工作。专业人员是指基于其接受的技术培训、知识和经验以及对有关规定的了解，能够完成工作并能意识到潜在危险的人员。

高于地面的工作必须由经过塔筒攀爬训练的人员执行，攀爬塔筒"必须系安全带、必须戴安全帽、必须穿防护鞋"。风电场工作人员应掌握坠落玄关安全带、防坠器、安全帽、防护服和工作鞋等个人防护设备的正确使用方法，具有高处作业、高空逃生及高空救援相关知识和技能，特殊作业应取得相应特殊作业操作证书。如图3-1和图3-2所示。

图 3-1 安全帽、安全带、防护服的正确穿戴

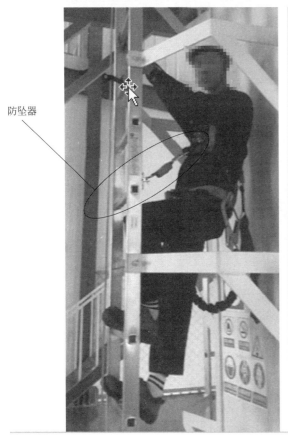防坠器

图 3-2　防坠器的正确使用

正在接受培训的人员对风力发电机组进行任何操作,必须由一位有经验的人员持续监督指导。

攀爬机组前,应将机组置于停机状态,禁止两个人在同一段塔架内同时攀爬;上下攀爬机组时,通过塔架平台盖板后,应立即随手关闭,随身携带工具人员应后上塔、先下塔;到达工作位置,应先挂好安全绳,后解防坠器;在塔架爬梯上作业,应系好安全绳和定位绳,安全绳严禁低挂高用。攀爬塔筒也可以使用免爬器。免爬器的使用如图 3-3 所示。

只有年满 18 周岁的人员才允许在风力发电机组上工作。

原则上,必须至少有两人同时进入风力发电机组工作。

每半年至少对机组的变桨系统、液压系统、刹车机构、安全链等重要安全保护装置进行检测试验一次。

机组添加油品时,必须与原油品型号相一致。更换替代油品时应通过试验,满足技术要求。维护保养发电机必须停电并验明三相确无电压。

每半年对塔架内安全钢丝绳、爬梯、工作平台、门防风挂钩检查一次;每年对机组加热装置、冷却装置检测一次,至少每三个月对变桨系统的后备电源、充电电池组进行充放电试验一次。

清理润滑油必须戴防护手套,避免接触到皮肤或者衣服;打开齿轮箱盖及液压站油箱

图 3-3 免爬器的使用

时,应防止吸入热蒸汽;进行清理滑环、更换碳刷、维修打磨叶片等粉尘环境作业时,应佩戴防毒防尘面具。

采用滑动轴承的偏航系统固定螺栓力矩值应每半年检查一次。使用弹簧阻尼偏航系统,卡钳固定螺栓扭矩和功率消耗应每半年检查一次。

经调试、检修和维护后的风力发电机组,启动前应办理工作票终结手续。

严禁用铲车、装载机等作为高出作业的攀爬设施。

3.3 防护要求

在进入风力发电机组工作之前,每个工作人员必须理解表 3-1 所示设备的使用方法。攀爬塔筒的工作人员必须使用合格的安全带、攀爬用的安全辅助设备或者适合的安全设施。如果风力发电机组位于近水地点,应穿救生衣。攀爬塔筒并进入机组时应穿戴的用品如表 3-1 所示。

表 3-1 攀爬塔筒并进入机组时应穿戴的用品

1		安全带及相关装备,如快速挂钩; 安全带用肩带、胸带、肚带和腿带系在人员的身体和两条腿上

续表

2	 	在风力发电机组内部工作时,要戴上有锁紧带的安全帽
3		防护服,可以防止受伤和油污
4		手套,可以防止手受伤和油污
5		橡胶底防护鞋
6		耳塞,防止噪声的影响
7		手电筒,应急时使用
8		护目镜,特殊工作时需要
9		在室外低温条件下,要穿保暖防护服

建议人员在攀爬塔筒过程中准备手电筒、安全眼镜和保护性耳塞。

操作者必须正确使用安全设备,并在使用之前和之后都对安全设备进行检查,不得使用任何有磨损或撕裂痕迹的安全设备。

防护设备必须具备期望的功能,符合现行法律和标准要求,且具有 CE 标识,如图 3-4 所示。

图 3-4　防护设备的标识

所有将要对风力发电机组进行特殊或者未预见过的操作,都必须经过风场相关人员同意,技术人员将决定是否需要用到特殊的设备及这些设备的使用条件。

3.4　工作环境要求

如果环境温度低于 −20℃,不得进行维护和检修工作。

如果风速超过下述的任何一个限定值,必须立即停止工作。不得进行维护和检修工作:风速超过 12m/s 时,不应打开机舱盖(含天窗);风速超过 14m/s 时,应关闭机舱盖;风速超过 12m/s,不应在机舱外和轮毂内工作;主风速超过 18m/s 时,不应在机舱内工作;风速超过 25m/s 及以上时，禁止人员户外作业；攀爬风力发电机组时，风速不得高于该机型允许登塔风速；风速超过 18m/s 及以上时，禁止任何人员攀爬机组。

3.5　螺栓检查要求

① 必须使用经过精度校准的工具进行螺栓力矩抽检。抽检工具必须每年进行一次检测和校准，保证其精度误差不大于 4.5%。

② 检测之前应对检测的螺母或者螺栓做出标记（标记螺母和螺杆之间的相对位置或者螺帽和部件之间的相对位置），螺栓被拧紧后检查旋转角度。

③ 螺栓抽检力矩必须与安装时的力矩一致。

④ 对于未涂抹螺纹紧固胶的螺栓，螺栓是否松动取决于螺栓紧固前后的旋转角：如果旋转角度小于 30°，螺栓预紧力满足要求；如果旋转角度大于 30°且小于 60°，螺栓预紧力仍满足要求，但需要对相邻螺栓进行检测；如果旋转角度大于 60°，则需要更换此螺栓，并对此位置全部螺栓进行检测。

⑤ 对于涂抹螺纹紧固胶的螺栓按照如下要求进行检测：

a. 对螺栓和螺母的相对位置或者螺帽和部件的相对位置做出标记；

b. 将螺栓取下，并进行清洁；

c. 目测该螺栓是否损坏，如果没有损坏，则对其涂抹螺纹紧固胶后，以规定的力矩再次将螺栓拧紧，否则更换该螺栓。

⑥ 螺栓抽检数量要求：

a. 只在 3 个月期维护和整年维护时对螺栓进行抽检；

b. 对于旋转体上的安装螺栓，如叶片/轮毂螺栓、轮毂/主轴螺栓、联轴器、变桨轴承/轮毂螺栓等 100%检查；

c. 对于非旋转体上的安装螺栓 100%（3 个月期）、50%（1 年维护）、25%抽检（2 年维护）；

d. 必须按照对角抽检的原则抽检螺栓。

3.6　应急处理

① 发生事故时，应立即启动相应的应急预案，并按照国家事故报告有关要求如实上报事故情况，事故的应急处理应坚持"以人为本"的原则。

② 事故应急处理可不开工作票，但是事故后续处置工作应补办工作票，及时将事故发生的经过和处理情况，如实记录在运行记录本上。

③ 机组机舱发生火灾时，禁止通过升降装置撤离，应首先考虑从塔架内爬梯撤离。当爬梯无法使用时，方可利用缓降装置从机舱外部进行撤离。使用缓降装置，要正确选择定位点，同时要防止绳索打结。

④ 机组机舱发生火灾，如尚未危及人身安全，应立即停机并切断电源，迅速采取灭火措施，防止火势蔓延。在机舱内灭火，没有使用氧气罩的情况下，不应使用二氧化碳灭

火器。

⑤ 有人触电时，应立即切断电源，使触电人脱离电源，并立即启动触电急救现场处置方案。如在高空工作时发生触电，施救时还应采取防止高空坠落措施。

⑥ 机组发生飞车或机组失控时，工作人员应立即从机组上风向方向撤离现场，并尽量远离机组。

⑦ 发生雷雨天气，应及时撤离机组；来不及撤离时，可双脚并拢站在塔架平台上，不得触碰任何金属物体。

⑧ 发现塔架螺栓断裂或塔架本体出现裂纹时，应立即将机组停运，并采取加固措施。

项目4

风力发电机组的组成

【项目描述】

SL1500 系列风力发电机组为三叶片、水平轴式风力发电机组，采用变速变桨双馈的发电技术，是特别为高效利用陆地风能而开发的系列机型。

【项目目标】

① 了解 SL1500 系列风机的组成及各部件的结构及用途。

② 了解每个部件在风机中的位置。

风力发电机组必须保证其在各种风况、气候和电网条件下能够长期安全运行，并取得最

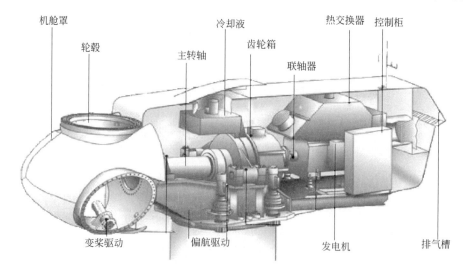

图 4-1　双馈式风力发电机组内部结构

大的年发电量和最低的发电成本。但是风的速度和方向是不断变化的，风力发电机组各个零部件随之承受交变的载荷，因此，各零部件的疲劳强度是影响机组寿命的主要因素，风力发电机组对材料、结构、工艺和控制策略都提出了很高的要求。因此，风力发电机组的结构是比较复杂的。

SL1500 系列机组主要由叶片、轮毂、齿轮箱、发电机、控制系统、偏航系统、变桨系统、液压系统、主轴、塔筒等部分组成，如图 4-1 所示。

4.1　风　轮

风轮由叶片和轮毂等部件组成，是获取风能并将其转换成机械能的关键部件，如图 4-2 所示。叶片是具有空气动力学外形，在气流推动下产生力矩，使风轮能绕轴转动的主要构件。轮毂是能固定叶片位置，并能将叶片组件安装在风轮轴上的装置。

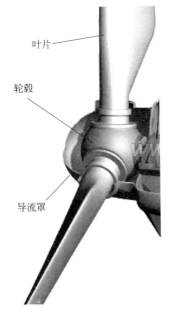

图 4-2　风轮

图 4-3　球形轮毂

三叶片风轮的受力平衡好，轮毂简单，风轮的动态载荷小，由于稳定性好，在高叶尖速比运行时有较高的风能利用系数，在并网型风力发电机组上得到广泛应用。三叶片风轮能提供最佳的效率，使风力发电机组系统运行平稳，基本上消除了系统的周期载荷，可输出稳定的转矩。同时，三叶片风轮可以产生令人满意的审美效果。

轮毂是固定叶片的基座，叶片安装在轮毂上组成风轮，叶片通过轮毂与主轴固定，叶片的变桨机构安装在轮毂上。图 4-3 所示是球形轮毂，轮毂上的三个变桨轴承法兰可以安装 3 个变桨轴承与 3 个叶片，同步变桨驱动机构安装在球形轮毂内。

风轮的扫掠面积和风速，决定了将风能转换成机械能的大小。风轮扫掠面积是指风轮叶片旋转运动时所做的圆，也就是在垂直于风速矢量平面上的投影面积。风轮应具有承受沙尘、烟雾侵袭的能力，并有防雷措施。

4.2 主 轴

主轴起着固定风轮位置、支承风轮重量、保证风轮旋转、将风轮的力矩传递给齿轮箱或发电机的重要作用,风轮安装在主轴上。风力发电机组的齿轮箱与发电机安装在机舱内,风轮通过风力发电机主轴与齿轮箱连接,主轴不但要传输风轮转动的力矩,还要抗拒风轮的摆动,由硬质合金制作,如图 4-4 所示。风力发电机组主轴前端有轮毂连接法兰,尾端连接齿轮箱。主轴轴心有通孔,是变桨系统控制电缆、油路或机械杆的通道。如图 4-5 所示。

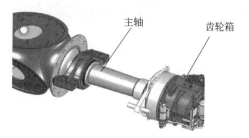

图 4-4　主轴的连接件

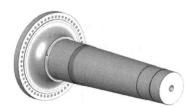

图 4-5　主轴(空心)

4.3 调速装置

调速装置的作用有三个:一是当风轮转速低于发电机额定转速时,通过调速装置将转速提高到发电机额定转速;二是当风轮转速高于发电机额定转速时,使风轮轴转速保持在发电机额定转速,以保证风力发电机组安全、满负荷发电(发电机超速运行会使输出电压过高,破坏发电机绝缘;过高的转速会使轴承烧毁);三是当风轮转速超过其额定转速时,使风力发电机组安全停机,保护风力发电机组不致损坏。

(1) 定桨距叶片失速控制调速装置

失速是一种空气动力学现象,最早使用在飞机机翼的设计试验中。失速是当翼型升力系数随迎风角度的增加开始下降的异常现象。其机理在于气流与叶片分离,叶片将处于"失速"状态,叶片的转速会大幅度降低,使风轮输出功率降低。

(2) 可变桨距调速装置

由于风力发电机叶片形状酷似划船用的船桨,所以习惯上把风机叶片称为桨叶。可变桨距调速就是通过改变叶片迎风角度来调节风轮转速的装置。目前兆瓦以上的风力发电机普遍采用可变桨距调速装置。其工作原理是:通过检测装置检测出风速后,由驱动装置驱动叶片改变迎风角度,从而保证风轮转速稳定在额定转速。叶片迎风角的调节规律是:增大迎风角,可以减小由于风速增大而使叶片转速加快的趋势。

变桨距风轮的叶片与轮毂通过变桨距轴承连接。虽然其结构比较复杂,但能够获得较好的性能,而且叶片承受的载荷较小,重量轻。叶片的变桨距驱动有电动机驱动方式、液压驱动方式、机械驱动方式多种。

(3) 齿轮箱

齿轮箱的作用是将风轮旋转速度在高速轴侧提高到满足发电机需要的转速。由于材料强度的限制，当叶片叶尖的线速度超过 100m/s 时，叶片将损坏，所以风力发电机组的风轮转速大型风力发电机一般在每分钟几十转，小型风力发电机转速每分钟最多几百转。常用发电机的转子同步转速为 750r/min、1000r/min 或 1500r/min。这么大的转速差别，风轮只有通过齿轮箱增速才能使发电机以额定转速旋转，增速比一般为几十倍至一百多倍。

齿轮箱是大中型发电机的重要组件，它的输入端是低速轴，通过联轴器连接主轴；输出端为高速轴，通过联轴器连接发电机。齿轮箱应有油位指示器和油温传感器，寒冷地区应有加热油的装置。

齿轮箱主要有两种形式：一种是圆柱齿轮变速；另一种是行星齿轮变速。风力发电机组的齿轮增速箱增速比较大，多采用二级行星齿轮增速加一级平行轴齿轮或一级行星齿轮加二级圆柱齿轮增速。圆柱齿轮增速箱的输入输出轴不在同一轴线上，行星齿轮增速箱的输入、输出轴则在同一轴线上。行星齿轮增速箱变比大，体积较小，故行星齿轮增速在风力发电机中是用得最多的增速方式。如图 4-6 所示。多数风力机增速箱的主输入轴是管状的，中部通孔用于轮毂变桨的信号与动力的传输。

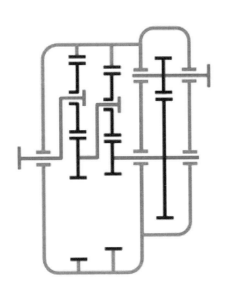
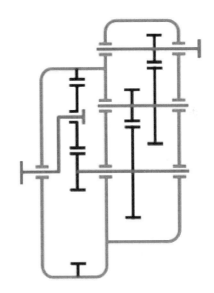

(a) 二级行星齿轮和一级平行轴齿轮传动　　　(b) 一级行星齿轮和二级平行轴齿轮传动

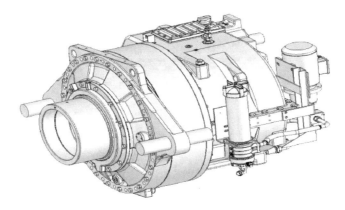

(c) 增速齿轮箱

图 4-6

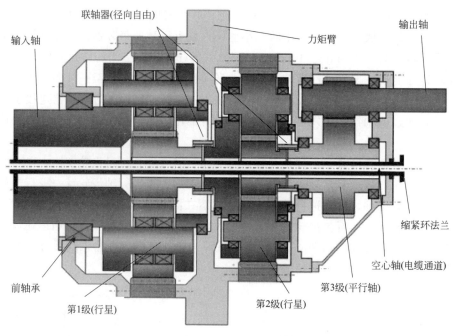

(d)齿轮箱剖视图

图 4-6　行星齿轮增速器

4.4　制动系统

　　制动系统的作用是，在遇到超过风力发电机设计风速的大风时，或风力发电机的零部件出现故障时，其可以使风力发电机组安全停机。因此，制动系统可以保障风力发电机组的安全，避免故障的扩大和更多零部件损坏，以及造成人员的伤亡。

　　大型风力发电机组的重量大，运动部件惯性大，因此大型风力发电机的制动系统比较复杂。为了能够保证安全性，根据国家标准要求，风力发电机组至少应具有两种不同原理的、能独立有效制动的制动系统。大型风力发电机组的制动系统往往包括空气动力制动系统、机械制动系统、液压制动系统、电气制动系统若干子系统。

4.5　发电机

　　发电机的功能是将风轮收集的机械能转变成电能。传统的发电机都是按输入稳定的转矩和转速设计的，因而无法适应风轮输出的瞬时变化的转矩和转速，所以风力发电机组应该使用为风力发电而设计的专用发电机。风力发电机组的发电机防护等级应能满足防盐雾、防沙尘暴的要求。湿度较大的地区应设有加热装置，以防结霜。发电机应有定子线圈测温装置和转子测速装置。大多数风力发电采用三相交流发电机，其有效率高、体积小的优点。根据不同的运行模式，风力发电机组常用的发电机有异步交流发电机、异步双馈型交流发电机、永磁同步发电机。目前风力发电机组的主要运行模式有以下几种。

（1）定桨变速

风轮叶片是固定的，发电机的转速随风速而变，只要能发出电即可，在小型离网运行（不并网）的风力发电机用得较多，多采用永磁同步发电机，多数情况下将发出的电整流后给蓄电池充电，或逆变成稳定的交流电供电器使用。

（2）变桨定速

大中型风力发电机多工作在并网状态，要求发出的交流电频率稳定为 50Hz，电压也要与电网相同。由于风速变化频繁，采用变桨距角的方法控制风轮转速尽量稳定（只在较小的范围内波动）。采用笼式感应发电机发电，在发电机转速变化不大时，可输出稳定的 50Hz交流电，达到直接并网目的。但变桨对风力发电机转速控制效果并不理想，定桨运行使风力机经常运行在效率不高的状态。

（3）变速变桨

近些年来由于电力电子技术与计算机控制飞速发展，风力发电广泛采用变速恒频的工作方式，风轮不再限制在固定转速，可在较宽的转速范围内运行。由同步发电机发出的电经整流后再逆变成频率稳定的交流电输送到电网，这样可使风力发电机工作在最高频率。变桨主要是为了在超出额定风速时对电机功率进行调节，这就是变速恒频方式。目前流行的双馈风力发电机组与直驱风力发电机组运行在变速恒频方式。双馈风力发电机组采用绕线转子感应发电机，直驱风力发电机组多采用多极永磁发电机。

4.6　机舱

机舱由底盘和机舱罩组成，底盘上安装除了塔架以外的主要部件。机舱罩后部的上方装有风速和风向传感器，舱壁上有隔音和通风装置等，底部与塔架连接。

（1）底盘

底盘是由横梁和纵梁组成，其功能是固定风轮、齿轮箱、发电机、机舱、偏航驱动装置及相关零部件，并承载其重量，如图 4-7 所示。风力发电机组的主轴通过主轴轴承安装在机舱的机架上。主轴轴承在机架前端，承受来自风轮的巨大力量，主要是风轮的重量、推力、各种扭转力矩。主轴轴承采用球面滚子轴承，有良好的调心性能。靠轮毂的轴承称为前轴承，在主轴尾端的是后轴承。没有后轴承，主轴尾端通过联轴器直接与齿轮箱低速轴连接。

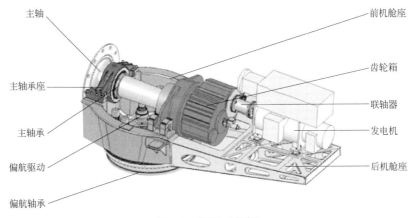

图 4-7　机座（底盘）

齿轮箱右侧高速轴通过联轴器连接发电机。为了在大风、故障与检修时停止运转，在发电机轴上装有刹车盘，由刹车卡钳进行刹车。

风力机的主轴通孔与齿轮箱低速轴通孔相通，风力机变桨用的信号、动力（电或液压介质）从齿轮箱后部通过滑环输送到轮毂变桨装置，或使用连杆直接操纵变桨。

风轮主轴轴线向前仰起，与水平线有一个夹角，目的是防止叶片碰到塔架，同时缩短风力机主轴的延伸长度。在机舱里还装有齿轮箱的润滑系统，以保证齿轮箱的润滑。

（2）机舱罩

机舱罩的作用是保护底盘及底盘上所安装零部件，使其免受风、霜、雨雪、冰雹、砂石、粉尘及腐蚀性气体的侵害，延长其使用寿命，使风力发电机组更加美观漂亮。机舱罩和底盘连成一体，就像一间房屋，零部件生活在其中。机舱内部应有消声设施，并具有良好的通风条件；机舱内部照明设备齐全，亮度满足工作要求；机舱应满足防盐雾腐蚀、防沙尘暴的要求；机舱应有防止小动物进入的措施。

4.7　偏航系统

风力发电机组的对风简称为偏航，对风装置又称为偏航系统。对风装置是针对风向瞬时变化的不稳定性，为保证风力发电机组的最大输出功率所专门设计的装置。其作用是使风轮的扫掠面始终保持与风向垂直，以保证风轮每一瞬间捕获到最大风能。

风力发电机组的偏航运动部件重量大，运动惯性大，因此风力发电机组偏航驱动一般采用伺服系统。伺服系统比较复杂，由风向检测装置、导向装置、偏航驱动机构和控制系统等部分组成。具有反馈比较环节的闭环控制系统，具有反应快、跟踪能力强、工作稳定可靠的特点。偏航系统应设有自动解缆和扭缆保护装置。在寒冷地区，测风装置必须有防冰冻措施。

4.8　液压系统

液压系统由电动机、液压泵、油箱、过滤器、管路及各种液压阀等组成，主要是为变桨距液压缸和机械制动器提供必要的驱动液压力，有的强制润滑型齿轮箱也需要液压系统供油。液压缸主要是用于驱动定桨距风轮的叶尖制动装置或变桨距风轮的变桨距机构。

4.9　塔架

塔架的作用是：用其支承风轮和整个机舱的重量，并使风轮和机舱保持在合理的高度，使风轮旋转部分与地面保持在合理的安全距离。大型风力机的管柱型塔架主要采用钢筋混凝土结构或钢结构，但钢塔架运输困难，可现场制作的混凝土塔架用得越来越多。

塔架支承机舱达到所需要的高度，其上安置发电机和控制器之间的动力电缆、控制和通信电缆，还装有供操作人员上下机舱的扶梯，大型机组还设有电梯。对于塔架的攀登设施，其中间应设休息平台，还要有可靠的防止坠落的保护措施，以保证人身安全。塔架内部照明设备应齐全，亮度满足工作要求。塔架应满足防盐雾腐蚀、防沙尘暴的要求，筒式塔架均应有防止小动物进入的措施。如图 4-8 所示。

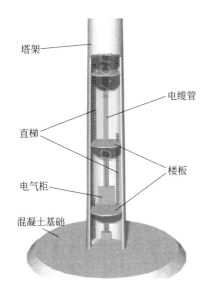

塔架

电缆管

直梯

楼板

电气柜

混凝土基础

图 4-8　塔架

4.10　控制系统

　　控制系统的功能是对整机进行运行状态控制，即风力发电机从一种运行状态到另一种运行状态的转换过渡过程的控制。风力发电机组部件多、体积大、价格高，且相互关联紧密，维护维修难度大，存在并网问题，所以对可靠性、安全性的要求很高。大型风力发电机的控制系统是一个很复杂的微型计算机控制系统，包含若干个子系统，安装在控制箱、控制柜内。控制箱、控制柜也应有防止小动物进入的措施。

项目5

叶片、叶轮与变桨系统定检

任务 5.1 叶片的维护和检查

【任务描述】

　　风机的叶片（根部）通过变桨轴承与轮毂相连，每个叶片都有自己相对独立的电控同步的变桨驱动系统。变桨驱动系统通过一个小齿轮与变桨轴承内齿轮啮合联动。

【任务目标】

　　了解叶片的结构和维护的要点。

5.1.1　叶片简介

　　叶片材料是由聚酯树脂、胶衣、面层、玻璃纤维织物等材料复合而成的，具有较高的防雨雪、防沙尘、抗磨损及耐低温的性能。叶片内置雷电保护装置，包括金属叶尖及沿叶片后缘布置的导体。

　　并网型风力发电机组的功率很大，需要风轮收集足够的风能。因为风轮收集的风能多少与叶片的扫掠面积成正比，因此兆瓦级风力发电机组的叶片都是庞然大物，宽几米，长达几十米。为了达到技术经济要求，普遍采用薄壳式内加纵梁的结构设计，其特点是重量轻，但对叶片运输要求较高，如图 5-1 所示。

　　对于水平轴风力发电机组风轮的叶片，为

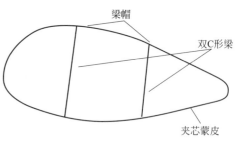

图 5-1　叶片薄壳式内加纵梁的结构

了使其达到最佳气动效果，采用了复杂的气动外形，在风轮的不同半径处设计不同的叶片弦长、厚度、扭角和翼型。同时，为了保证叶片具有一定的强度和刚度，节省材料，减轻重量，叶片采用了由复合材料制成的薄壳结构。风力发电机组风轮叶片的结构可分为三个部分：根部、纵梁和外壳。根部材料一般为金属结构，用于与轮毂相连接。外壳蒙皮一般为玻璃钢薄壳结构。纵梁，俗称龙骨、加强肋或加强框，一般为玻璃纤维增强复合材料或碳纤维增强复合材料。叶片类型多种多样，有尖头、平头、钩头、带襟翼的尖部等。

5.1.2　检查与维护

当进行叶片修复时，必须穿戴安全面具和手套，并佩戴口罩。

（1）外观检查

① 裂纹检查　检查叶片是否有裂纹，如有裂纹，必须做如下记录：机组编号、叶片编号、长度、裂纹方向及可能的原因。在裂纹末端做好标记并进行拍照记录，在下一次检查中必须检查此裂纹，如果裂纹未发展，就无需更进一步检查。

如果在叶片根部或叶片承载部位发现裂纹或裂缝，机组必须停机，并立即通知叶片厂家人员到场修补。检查周期是 12 个月。

② 表面检查

a. 检查叶片表面是否有损伤等现象，特别注意在最大弦长位置附近处的后缘。

b. 检查叶片法兰盘与叶片壳体间密封是否完好。

c. 检查叶片表面是否有腐蚀现象。

维护周期是 12 个月。

（2）叶片噪声检查

叶片的异常噪声通常是由于表面不平整或叶片边缘不平滑造成的，也可能是由于叶片内部存在脱落物。查找叶片噪声来源，并进行处理。

维护周期同机组维护周期。

（3）雷电保护系统检查

雷电保护装置由三部分组成，从上到下依次是垫片压板、碳纤维刷和集电爪，如图 5-2 所示。安装在大齿圈下方偏左一个螺栓孔的位置装第一个保护爪，然后 120°等分安装另外两个雷电保护爪。如图 5-3 所示。

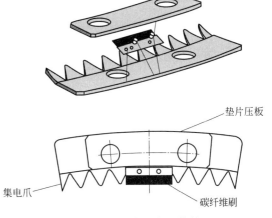

图 5-2　雷电保护装置结构

雷电保护装置可以有效地将作用在轮毂和叶片上的电流通过集电爪导到地面，避免雷电使风机线路损坏。碳纤维刷是为了补偿静电的不平衡，雷击通过风机的基础部分传导。在旋转和非旋转部分的过渡处采用火花放电器。这个系统有额外的电刷来保护轴承和提供静电平衡的方法。

① 检查雷电保护系统线路是否完好，如图 5-4 所示。接地线及热缩管表皮完好，连接螺母没有松动。

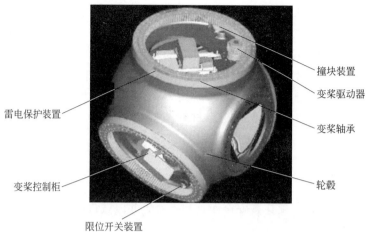

图 5-3　雷电保护系统的安装位置

（撞块装置、变桨驱动器、变桨轴承、轮毂、雷电保护装置、变桨控制柜、限位开关装置）

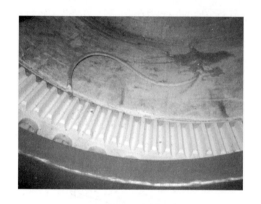

图 5-4　叶片根部的接地线

图 5-5　叶片人孔盖板

② 松开锁定销，更换雷电计数卡（每半年一次）；用读卡器读取卡内信息，并存储在适当介质上。

③ 检查叶片是否存在雷击损伤，雷击后的叶片可能存在如下现象：

a. 在叶尖附近防雷接收器处可能产生小面积的灼伤；

b. 叶片表面有火烧黑的痕迹，远距离看像油脂或油污点；

c. 叶尖或边缘裂开；

d. 在叶片表面有纵向裂纹；

e. 在外壳中间裂开；

f. 在叶片缓慢旋转时，叶片发出"咔嗒"声。

维护周期同机组维护周期。

（4）叶片排水孔检查

叶片旋转到六点位置，用望远镜观察其排水孔，检查排水孔是否堵塞。

维护周期为 6 个月。

（5）叶片人孔盖板检查

检查叶片根部盖板安装是否牢固，如图 5-5 所示。如螺栓没有涂抹螺纹紧固胶，在维护过程中先将螺母拆下，补涂螺纹紧固胶后把紧。

62

5.1.3　叶片螺栓的维护和检查

如图 5-6 所示标号图，以规定力矩检查叶片安装螺栓（叶片/轮毂），100％检查，抽检力矩值参照附录 2。

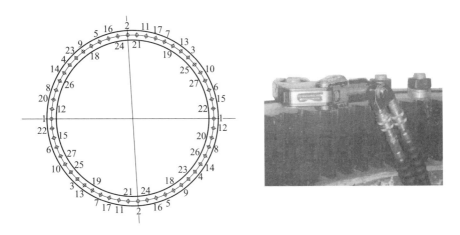

图 5-6　叶片力矩螺栓标号图

检查叶片力矩工具：液压站、5m 油管、50mm 加长套筒、3MXT 液压扳手、2LXCT 中空扳手、变桨控制盒、行灯、多用插头、记号笔。

任务 5.2　轮毂的检查

【任务描述】

风轮轮毂是风力发电机组中的重要部件，叶片安装在它的上面，构成收集风能的风轮。轮毂是将叶片与主轴连接起来的构件。

【任务目标】

了解轮毂的结构、作用和维护要点。

5.2.1　轮毂

风轮轮毂是风力发电机组中的重要部件，叶片安装在它的上面，构成收集风能的风轮。轮毂也是将叶片与主轴连接起来的构件。只有通过轮毂，叶片才能将其收集的风能传递给发电机。变桨距风力发电机组的轮毂由轮毂壳体、变桨距轴承、变桨距驱动和控制箱等装置组成。由于轮毂结构形状复杂，当其承受叶片传来的各种静载荷和交变载荷时，在轮毂法兰盘处很容易引起应力集中。在大型风力发电发电机组中，轮毂的重量占风力发电机组总重的30％左右，其重要性随着风力发电机组容量的增加而越来越明显。风力发电机轮毂，本体材料采用低锰、低硫的球墨铸铁通过复合孕育和半封闭的底注式浇注工艺制作而成。采用这种加工工艺而成的风力发电机轮毂，不仅能更好地满足系统对力学性能的需要，而且不存在超过标准规定的缩孔、缩松、气孔、夹杂物以及表面微裂纹等铸造缺陷。

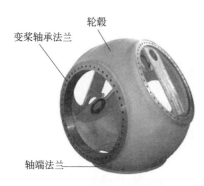

图 5-7 风力机的轮毂结构

三叶片风轮大部分采用刚性轮毂，也是目前使用最广泛的一种形式，但它要承受所有来自风轮的力和力矩，相对来讲承受风轮载荷高，后面的机械承载大。刚性轮毂的结构有三角形和球形等形式。图 5-7 所示为球形轮毂。

5.2.2　外观检查

① 清理轮毂上附着的污物。

② 检查轮毂表面防腐涂层是否有脱落现象，铸体表面是否有裂纹。

③ 检查轮毂内线缆是否绑扎牢固。

注意： 轮毂内壁上固定的蛇皮管，先将固定卡子打开，把余量调整至该线路一侧，然后再将卡子把紧，最后将调整后的余量绑扎固定好。

5.2.3　轮毂和主轴螺栓检查

用 3MXT 液压扳手以规定力矩检查轮毂/主轴螺栓（60mm 套筒），抽检力矩值参照附录 2。

任务 5.3　变桨系统定检

【任务描述】

变桨系统的所有部件都安装在轮毂上，通过控制叶片的角度来控制风轮的转速，进而控制风机的输出功率，并能够通过空气动力制动的方式使风机安全停机。变桨系统可同时调整三个叶片的变桨角度，也可以单独对每个叶片的变桨角度进行调整。

【任务目标】

了解变桨系统的结构，功能和定检项目。

5.3.1　变桨系统简介

变桨距就是使叶片绕其安装轴旋转，改变叶片的桨距角，从而改变风力机的气动特性。

变桨系统是风力发电机组中的重要组成部分，既可同时调整三个叶片的变桨角度，也可单独对每个叶片的变桨角度进行调整。变桨系统由变桨轴承、变桨电机、变桨减速箱、变桨控制柜组成，如图 5-8 所示。

（1）变桨系统的功能

变桨距最重要的应用是转速和功率控制，以及顺桨时的制动功能。但是利用变桨距装置在风轮启动时，采用较大的正桨距角可以产生一个较大的启动转矩。利用变桨距装置调整为负桨距角，则增加了攻

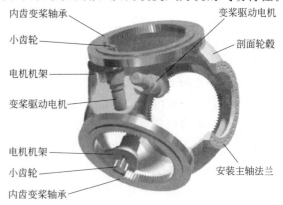

图 5-8　变桨系统结构

角，可以人为地导致失速现象发生。

当风速超过额定风速时，通过控制叶片角度来控制风机的转速和功率。

当风速低于额定风速时，通过调整叶片角度，从风中吸收更多的风能。

当安全链被打开时，叶片可作为空气动力制动装置使机组安全停机。

注意：在轮毂内工作时，工作区域狭小，要注意人身及设备安全。

变桨距制动风轮的优点是：启动性能好；刹车机构简单，叶片顺桨后风轮转速可以逐渐下降，停机安全；叶根承受的静、动载荷小，改善了整机和叶片的受力情况；额定功率点以前的功率输出饱满；额定功率点以上的输出平稳且在额定功率点以上具有较高的风能利用系数。其不足之处是：增加了变桨距装置，使轮毂结构变得相对复杂，可靠性设计要求高；维护费用比较高。

（2）变桨轴承

变桨距系统是风力发电机的重要组成部分，它的所有部件都安装在轮毂上。风力发电机组正常运行时所有部件都随轮毂以一定的速度旋转。变桨距系统通过轮毂叶片的角度来控制风轮的转速，进而控制风力发电机组的输出功率，并能够通过空气动力制动的方式使风力发电机组安全停机。风力发电机组的叶片（根部）通过变桨距轴承与轮毂相连，每个叶片都要有自己独立的电控同步的变桨距驱动系统。变桨距驱动系统通过一个小齿轮与变桨距轴承内齿啮合联动。图 5-9 所示为变桨轴承。

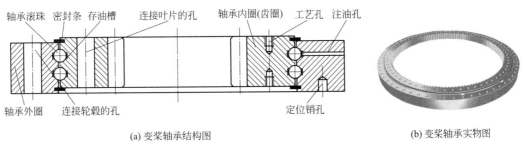

(a) 变桨轴承结构图　　　　　　　　　　　　　　(b) 变桨轴承实物图

图 5-9　变桨轴承的结构

变桨距轴承的截面形状如图 5-10 所示。单排或双排球轴承滚道必须设计为可以双向传递轴向载荷，因此它们被称为四点接触球轴承。通过将沟槽的两边半径做的比滚珠半径略大些就可以得到较低的接触压力。

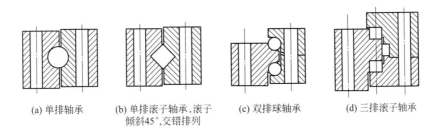

(a) 单排轴承　　　(b) 单排滚子轴承,滚子　　　(c) 双排球轴承　　　(d) 三排滚子轴承
　　　　　　　　　　倾斜45°,交错排列

图 5-10　变桨距轴承的截面形状

变桨距轴承套圈的材料选用 42CrMo，热处理采用整体调质处理，调质后的硬度是

229～269HBW；滚道部分采用表面淬火，淬火硬度为55～62HRC。由于风力发电机组变桨距轴承的受力情况比较复杂，而且轴承承受的冲击和振动也比较大，因此要求轴承既能承受冲击，又能承受较大载荷。风力发电机主机寿命要求20年，轴承安装的成本较大，因此要求变桨距轴承寿命也要达到20年。这样轴承套圈基体硬度为229～269HBW，能够承受冲击而不发生塑性变形，同时滚道部分表面淬火硬度达到55～62HRC，可增加接触疲劳寿命，从而保证轴承长寿命的使用要求。

变桨距轴承套圈的结构比一般轴承复杂，轴承外套圈上有与轮毂连接的法兰，内套圈的端面上是与叶片连接的法兰，内边是内齿圈。由于变桨距轴承的传动精度不高，而且齿圈直径比较大，齿轮模数比较大。由于工作状态下小齿轮和轴承齿圈之间有冲击，因此轴承齿圈的齿面要淬火，小齿轮齿面硬度一般在60HRC，大齿轮的齿面淬火硬度规定是不低于45HRC。

（3）变桨距装置

① 变桨距执行机构　狭义的变桨距执行机构是指直接控制叶片转动部分的机械装置。现在常见的变桨距执行机构有下面几种。

a. 平行轴齿轮驱动　平行轴齿轮驱动的结构如图5-11所示，多用于分散控制电动变桨距系统。驱动伺服电动机通过行星齿轮减速器，在减速器的输出轴上装有驱动内齿圈的直齿轮，从而实现变桨距控制。兆瓦级以上大型风力发电机组多采用这种结构。

b. 垂直轴伞齿轮驱动　垂直轴伞齿轮驱动的结构如图5-12所示，用于控制电动变桨距系统和液压变桨距系统。这种结构的变桨距轴承内圈上加工有100°扇形角度的伞齿轮，轮毂前端面上安装有与各叶片变桨距轴承内圈上扇形伞齿轮相啮合的伞齿轮，驱动此伞齿轮即可实现叶片变桨距。

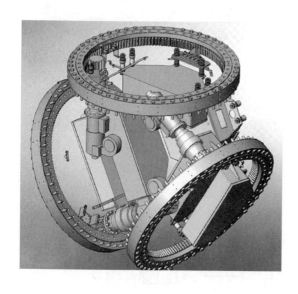

图 5-11　平行轴齿轮驱动的结构

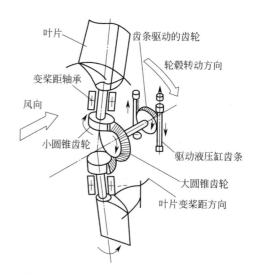

图 5-12　垂直轴伞齿轮驱动变桨距的结构

c. 机械摇杆驱动　机械摇杆驱动的结构如图5-13所示，用于控制电动变桨距系统和液压变桨距系统。机械摇杆驱动的变桨距轴承内圈上有一个轴销作为摇杆，一个圆盘在其外沿三等分线上有三个带长槽的摇臂，摇杆卡在摇臂中。当圆盘带动摇臂前后运动时，摇臂带动摇杆完成变桨距操作。

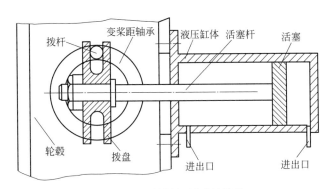

图 5-13　机械摇杆驱动的结构

② 变桨距驱动装置

a. 按动力源划分　按变桨距驱动装置的动力源不同，风力发电机组的变桨距结构分为两种。

（a）液压变桨距机构　液压变桨距机构具有传动转矩大、重量轻、刚度大、定位精确、执行机构动态响应速度快等优点，能够保证更加快速、准确地把叶片调节至预定桨距。但液压变桨距机构控制环节多、比较复杂、成本较高。

（b）电动变桨距机构　电动变桨距机构是利用电动机对桨叶进行控制，没有液压变桨距机构那么复杂，也不存在非线性、漏油、卡塞等现象。因此，这种变桨距机构是目前广泛采用的主流技术，市场前景十分广阔。如图 5-14 所示。

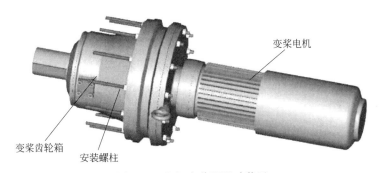

图 5-14　电机变桨距驱动装置

电动变桨距系统的桨距控制通过电动机来驱动，结构紧凑、控制灵活、可靠，因此正越来越多地受到大多数整机厂家的青睐。

电动变桨距系统和液压变桨距系统由于便于进行远程集中控制，实现无人值守，因而广泛使用在大型风力发电机组上。

b. 按调节方式划分

（a）共同驱动变桨距系统。这种变桨距系统在早期风力发电机组中采用得较为普遍。其特点是三叶片的驱动由同一个驱动装置驱动，三支叶片的桨距角调节是同步的。它的控制系统比较简单、成本低，但机械装置庞大，调整复杂，安全冗余度小。

（b）独立驱动变桨距系统。这种变桨距系统在现代风力发电机组中采用得较为普遍。其特点是三支叶片的驱动由三个相同的驱动装置驱动，三支叶片的桨距角调节是相互独立的。它需要三套相同的控制系统，成本较高，但是结构紧凑，控制灵活、可靠，安全冗余度大。

5.3.2 变桨系统定检项目

(1) 外表检查

① 清理变桨轴承表面油污及其他污染物。

② 检查变桨轴承表面的防腐涂层是否有脱落现象。

③ 检查变桨轴承内圈和外圈的密封橡胶条是否完好，如有破损应更换。

④ 手动对每个叶片进行变桨，检查变桨轴承运行时是否有振动、冲击、卡滞、异常噪声等现象。

(2) 外圈螺栓

用 2XLCT 中空液压力矩扳手以规定力矩检查变桨轴承安装螺栓，检查力矩见附录 2。

图 5-15　变桨轴承润滑油嘴

注意：每 7 年或者工作 14000 小时后需更换该螺栓。

(3) 变桨轴承润滑

① 清理干净油嘴及周围，如图 5-15 所示。

② 用变桨控制盒手动变桨的同时，用油枪给变桨轴承加注润滑脂。

③ 用量以密封圈向外挤润滑脂为准。

④ 清理干净油嘴及周围的润滑脂和密封圈处挤出的润滑脂。

(4) 雷电保护爪

检查雷电保护爪上安装的碳纤维毛刷是否完好，如发现磨损严重，必须立即更换。

5.3.3 变桨驱动

(1) 变桨减速箱与小齿轮

① 外表检查

a. 清理变桨减速箱表面污物。

b. 检查变桨减速箱表面的防腐涂层是否有脱落现象。

c. 检查变桨减速箱润滑油油位是否正常（油位应位于观察窗中部）。如果不正常，检查变桨减速箱是否漏油。修复工作和加油工作完成后，将减速箱清理干净。

注意：在加油或检查油位过程中减速箱在六点位置。

d. 手动对每个叶片进行变桨，检查变桨减速箱是否存在噪声。

e. 用塞尺检查变桨小齿轮与变桨齿圈的齿侧间隙，正常啮合间隙 0.2～0.5mm。

f. 检查小齿轮表面是否锈蚀或磨损，齿面出现裂纹应及时更换。

② 紧固件检查　检查变桨减速箱安装螺栓，抽检力矩值见附录 2。

③ 小齿轮润滑　清理齿面杂物，并补充润滑脂（以完全覆盖且不滴落为宜）。润滑脂的型号及用量可查阅附录 1《SL1500 风力发电机组润滑油、润滑脂、防冻液一览表》。

④ 变桨减速箱润滑

a. 必须清理干净加油孔及附近。

b. 根据实际缺少情况加注厂家指定的润滑油，并定期整体更换润滑油，周期为 3 年。减速箱换油周期为 5 年。

c. 加油工作完成后，清理干净泄漏的润滑油。

注意：加注润滑油时防止将异物掉入减速箱内；换油排油应在热机状态下进行，当环境温度过低时，应加入适量预热过的新油对减速箱进行冲洗。

（2）变桨电机检查与维护

① 清理变桨电机表面的污物。

② 检查变桨电机表面的防腐涂层是否有脱落现象。

③ 检查变桨电机电缆的外观、连接和固定情况。如有电缆破损、连接或固定松动情况，必须马上处理。

④ 检查变桨电机的安装螺栓，抽检力矩见附录 2。

（3）变桨齿圈

① 清洁变桨齿圈齿面上附着的杂物，如图 5-16 所示。

图 5-16 变桨齿圈齿面

图 5-17 齿面的润滑效果

② 检查变桨齿圈齿面是否有点蚀、磨损等现象并记录。

③ 补充润滑脂（以完全覆盖且不滴落为宜）。润滑效果如图 5-17 所示。

（4）变桨控制柜

① 清理变桨控制柜内外的污物。

② 检查变桨控制柜外各插头连接是否牢固。

③ 检查三角支架固定卡簧是否完好。

④ 检查文字标注是否清楚。

⑤ 检查各连接电缆绝缘层是否老化、破损。

⑥ 检查屏蔽线和接地线连接是否完好。

⑦ 检查变桨控制柜安装螺栓，抽检力矩值见附录 2，如图 5-18 所示。

图 5-18 变桨控制柜安装螺栓及弹性支承

⑧ 检查弹性支承是否老化或出现裂纹。如有上述情况，必须立即更换。

（5）附属传感器检查

① 检查限位开关是否完好，固定是否牢固。

② 检查接近开关是否完好。

③ 检查接近开关与感应片距离是否合适（3～5mm）。

④ 检查极限工作位置和接近开关处的感应片安装螺栓是否牢固（13mm 套筒，23N·m）。

⑤ 检查极限工作位置和接近开关处的感应片是否变形（弯折角度近似 90°为正常），如图 5-19 所示。

图 5-19 感应片

（6）滑环

电动变桨的风电机组，变桨滑环为轮毂变桨系统提供动力电源、通信、电气控制相关信号、应急照明供电等。变桨滑环在整个风电机组的价值占的份额很低，但是滑环的任何故障都将给风电机组带来停机故障，滑环的可靠性对风电机组的稳定运行至关重要。

① 外表检查

a. 清理滑环表面污物，检查滑环表面防腐涂层是否脱落。

b. 用手轻轻晃动滑环各插头，检查其固定是否牢固。

c. 检查支承杆转动是否灵活。如转动不灵活，将横向吊杆拆下，在万向节处涂抹少量润滑脂，反复转动万向节至润滑脂充分浸润万向节内部，重新装回横向吊杆。

d. 电缆保护胶皮是否磨损严重，如磨损严重需更换；没做电缆保护的，需垫胶皮，如图 5-20 所示。

e. 滑环晃动裕度检查（用手往复转动滑环，应能微微转动，但无法横向摆动）。

② 紧固件检查

a. 检查滑环安装螺栓（17mm 套筒），抽检力矩值见附录 2。

图 5-20 电缆保护胶皮

b. 紧固滑环上线卡子安装螺栓（5mm 内六角）。

5.3.4　轮毂

（1）外观检查

① 清理轮毂上附着的污物。

② 检查轮毂表面防腐涂层是否有脱落现象，本体表面是否有裂纹。

③ 检查轮毂内线缆是否绑扎牢固。

注意：轮毂内壁上固定的蛇皮管，先将固定卡子打开，把余量调整至该线路一侧，然后再将卡子把紧，最后将调整后的余量绑扎固定好。

（2）轮毂/主轴螺栓检查

用 3MXT 液压扳手以规定力矩检查轮毂/主轴螺栓（60mm 套筒），抽检力矩值参照附录 2。

项目6
齿轮箱的定检

风力发电机组中的齿轮箱是一个重要的机械部件，它主要的功能是将风轮在风力作用下所产生的动力传递给发电机，并使其得到相应的转速。风轮的转速很低，远达不到发电机组的要求，必须通过齿轮箱齿轮副的增速作用来实现，故也将齿轮箱称之为增速箱。

风力发电机组齿轮箱要承受无规律的变向变载荷的风力作用以及强阵风的冲击，常年经受酷暑严寒和极端温差的影响。为了增加机组的制动能力，还要在齿轮箱的输入端或输出端上设置刹车装置，配合空气动力制动对机组传动系统进行联合制动，其工作状态十分恶劣。而且机组多数安装在塔顶的狭小空间内，一旦出现故障，修复非常困难，故对其可靠性和使用寿命都提出了比一般机械高得多的要求。大量的实践表明，在风力发电机组的传动链中齿轮箱是最薄弱的环节，加强对齿轮箱的研究，重视对其进行维护保养的工作尤为重要。

任务6.1 齿轮箱的润滑与监控

【任务描述】

并网型风力发电机组的风轮转速一般都设计在几十转每分钟，机组容量越大，叶片直径越大，转速相对越低。为了满足发电机的转速工作条件，在风轮和发电机之间需要配置增速的齿轮箱。风机齿轮箱中的齿轮和轴承都需要润滑，对于齿轮箱的轴承应进行实时监测，以便提前发现问题。

【任务目标】

① 了解风力发电机齿轮箱的结构。
② 掌握齿轮箱的润滑系统及监控系统组成。

齿轮箱按用途可分为减速箱和增速箱。风力发电机组主传动链上使用的是增速箱，偏航系统与变桨距系统使用的是减速箱。由于受到机舱尺寸的限制，风力发电机组的机械传动系统一般都沿机舱轴线布置，齿轮箱采用结构紧凑的行星齿轮箱。随着大型风力发电机组采用的齿轮箱传递扭矩增大，结构更加紧凑、复杂，对风力发电机组设计和制造的要求不断提高。

6.1.1　齿轮箱按内部传动链结构

（1）平行轴结构齿轮箱

平行轴结构齿轮箱的一级传动比比较小，多级可获得大的传动比，但体积较大。平行轴结构齿轮箱的输入轴和输出轴是平行轴，不在同一条直线上。平行轴结构齿轮箱的噪声较大。通过研究发现，圆柱齿轮传动比为 2.9 时齿轮箱的体积最小，但当传动比上升到 4.3 或下降到 2.1 时，体积只增加 10%。这对选定齿轮箱的结构具有指导意义。

（2）行星结构齿轮箱

行星齿轮箱是由一圈安装在行星架上的行星轮、内侧的太阳轮和外侧与其啮合的齿圈组成，其输入轴和输出轴在同一条轴线上。太阳轮和行星轮是外齿轮，而齿圈是内侧齿轮，它的齿开在里面。一般情况下，不是内齿圈就是太阳轮被固定，但是如果内齿圈被固定，那么齿轮系的传动比就比较大。

行星齿轮箱结构比较复杂，但是由于载荷被行星轮平均分担而减小了每一个齿轮的载荷，所以传递相同功率时行星齿轮箱比平行轴齿轮箱的体积要小得多。由于内齿圈与行星齿轮之间减少了滑动，使其传动效率高于平行轴齿轮箱。同时，行星齿轮箱的噪声也比较小。

（3）平行轴与行星混合结构齿轮箱

平行轴与行星混合结构齿轮箱是综合平行轴齿轮与行星齿轮传动的优点而制造的多级齿轮箱。风力发电机组使用它的目的是为了缩小体积、减轻重量、提高承载能力和降低成本。

6.1.2　风力发电机组专用齿轮箱

对于功率在 300～2000kW 的风力发电机组，风轮的最高旋转速度在 17～48r/min，驱动转速为 1500r/min 的发电机，齿轮箱的增速比在 1:31～1:88。为了使大齿轮与小齿轮的使用寿命比较相近，一般每级齿轮传动比应在 1:3～1:5 之间，就是说应用 2～3 级齿轮传动来实现。

（1）齿轮箱的结构

如图 6-1 所示，齿轮箱由如下几大部分组成。

① 传动轴（俗称主轴）　传动轴的作用是将风轮的动能传递给齿轮箱的齿轮副。FL1500 风力发电机组齿轮箱最大的特点，就是将主轴置于齿轮箱的内部。这样设计可以使风机的结构更为紧凑，减小机舱的体积和重量，有利于对主轴的保护。

② 箱体部分　箱体由三部分组成：前机体、中机体和后机体。齿轮箱的箱体承受来自风轮的作用力和齿轮传动时产生的反作用力，并将力传递到主机架。箱体部分采用球墨铸铁（QT400）铸造而成，这种材料具有减振性和易于加工等特点。

③ 齿轮副　齿轮箱的增速机构为齿轮副。图 6-1 齿轮箱采用了一级行星、两级行星和一级平行轴传动。采用行星机构可以提高速比，减小齿轮箱的体积。

齿轮箱主轴的前端法兰与风轮相连，风作用在叶片上驱动风轮旋转，风轮带动齿轮箱主

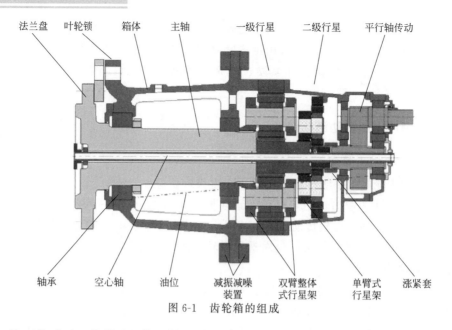

图 6-1 齿轮箱的组成

轴旋转，从而带动后面的增速机构开始运转。这样齿轮箱就把风轮所吸收的低转速、大扭矩的机械能转化成高转速、小扭矩的机械能传递到齿轮箱的输出轴上。齿轮箱的输出轴通过弹性联轴器与电机轴相连，驱动发电机的转子旋转，将能量输入给发电机。发电机将输入的动能转化成电能并输送到电网上。

  风力发电机组主传动专用齿轮箱的主要结构形式有三种：三级平行轴圆柱齿轮、一级行星轮系加两级平行轴圆柱齿轮、两级行星轮系加一级平行轴圆柱齿轮。在大功率的风电齿轮箱中主要是第二、三种结构形式。下面介绍风力发电机组厂常用增速齿轮箱的传动关系。

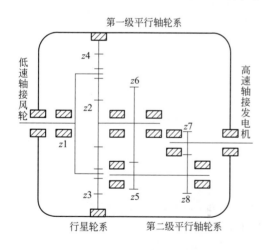

图 6-2　一级行星轮系加两级平行轴圆柱齿轮的结构

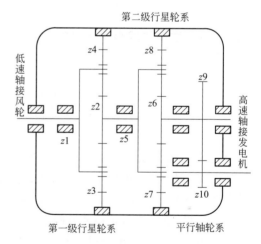

图 6-3　两级行星轮系加一级平行轴圆柱齿轮的结构

  一级行星轮系加两级平行轴圆柱齿轮的结构如图 6-2 所示。其传动路线是：桨叶—传动轴—收缩套—行星架—太阳轮—第一级平行轴大齿轮—第一级平行轴小齿轮—第二级平行轴大齿轮—第二级平行轴小齿轮—发电机。

  两级行星轮系加一级平行轴圆柱齿轮的结构如图 6-3 所示。其传动路线是：桨叶—传动轴—收缩套—第一级行星架—第一级太阳轮—第二级行星架—第二级太阳轮—平行轴大齿轮—平行轴小齿轮—发电机。这种结构的齿轮箱是在一级行星齿轮系加两级平行轴圆柱齿轮传动齿轮箱的基础上改进而制造的。其传递能力可以提高 30% 左右，这样从根本上保证了风电机组齿轮箱的可靠性、安全性和使用寿命的要求。为了与齿轮强度寿命相匹配，低速级行星齿轮的轴承由 2 个增加到 3 个，高速轴的轴承提高了一个规格，因而使轴承的寿命大大提高。新齿轮箱虽然传递能力增加了，但体积和重量没有增加，结构更加紧凑，体积变小，重量降低了 10% 左右，安装尺寸上发电机中心高低降低了 120mm，从而降低了发电机的重心高度。齿轮箱的输出轴轴颈由原来的 100mm 加大到 110mm，这就提高了轴的强度，其余安装尺寸完全一样，从而达到了通用的目的。

这种齿轮箱在设计上具有齿轮箱的所有检测功能，设置有能观察到齿轮箱内部的齿轮、轴承的观察孔。为了拆装检修方便，齿轮箱不用吊出就能开盖检查、维修和更换零部件，行星齿轮采用浮动运载，拆卸、装配方便，一般问题在机舱内就能解决。

除了风力发电机组传动用增速齿轮箱外，机组的变桨距系统、偏航系统、塔架电梯和机舱起重机都使用减速箱齿轮箱，这些齿轮箱的功率较小。

齿轮箱配备了油冷却润滑系统，可以保证轴承及传动齿轮得到充分的冷却润滑。齿轮箱内置加热器，使之能在低温环境下正常工作。

（2）齿轮箱的主要零部件

① 齿轮箱体和主轴托架的主要作用

a. 首先固定轴承的空间位置，再通过轴承固定轴的空间位置。

b. 将轴上的力通过轴承在齿轮箱体和主轴托架上得到平衡。

c. 通过轴承使轴能够转动以传递扭矩。

d. 用于安装轴承和齿轮的润滑系统以及安全监测系统。

② 齿轮箱体和主轴轴承座的基本结构　齿轮箱体和主轴轴承座是风力发电机组的重要部件，它们承受来自风轮的作用力和齿轮传动时产生的反作用力，因此它们必须具有足够的刚性去承受力和力矩的作用，以防止变形，保证传动质量。箱体的设计应该按照风力发电机组动力传动的布局、加工和装配条件、便于检查和维护等要求来进行。应注意轴承座和机座支承的不同方向的反作用力及其相对值，选取合适的支承结构和壁厚，增设必要的加强肋。加强肋的位置必须与引起箱体变形的作用力的方向相一致。

由于传动方式不同，齿轮箱体和主轴轴承座的结构也不相同。采用完全独立方式的主轴需要前、后两个轴承座，分别安装在底盘上。主轴轴承座的结构如图 6-4 所示。采用半独立方式的主轴只使用一个前轴承座。

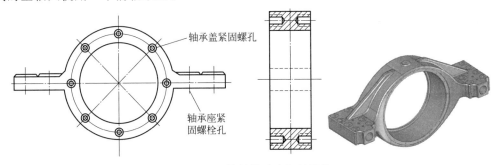
轴承盖紧固螺孔

轴承座紧固螺栓孔

图 6-4　风轮轴轴承支架的结构

为了降低齿轮箱噪声并使主轴、齿轮箱、发电机三者易于保证同轴度，多数齿轮箱采用浮动安装结构。齿轮箱的左右两侧有对称的托架梁，或齿轮箱两侧各有一个大耳朵孔，用于浮动安装。不浮动安装的齿轮箱箱体底面有安装用法兰，直接安装在底盘上。

齿轮箱耳环滚轴式浮动支承的结构特点是：齿轮箱体两侧铸造有支承耳环，经机械加工后在孔内穿入支承轴，支承轴两端安装有圆形支座。底盘两侧铸造有双柱支承架，支承架上有经过加工的剖分式支承孔，将橡胶缓冲减振套套装在圆形支座上，然后把齿轮箱安放在双柱支承架上，最后安装好支承架上盖。这种结构机械加工工作量较大，成本比梁式结构可能会高一些，但可以实现3个自由度的浮动。

箱体支座的凸缘和横梁应具有足够的刚性，尤其是作为支承座的耳孔结构，其支承刚度要进行仔细的核算。为了减小齿轮箱传递到机舱机座的振动，齿轮箱可以安装在弹性减振器上，这种安装方法习惯上称为浮动支承。最简单的弹性减振器是用高强度橡胶和钢垫做成的弹性支座块和弹簧，合理使用可取得较好的效果。

为了便于装配和定期检查齿轮的啮合情况，在箱体上应设有观察窗。箱盖上还应设有透气罩、油标或油位指示器。在相应部位应设有注油器和放油孔。放油孔周围应留有足够的放油空间。对于采用强制润滑和冷却的齿轮箱，在箱体的合适部位应设置进出油口和相关液压件的安装位置。箱体上一般设有连体吊钩，供起吊整台齿轮箱时使用。

③ 齿轮

a. 齿轮的作用　它的作用是传递扭矩，轮系还可以改变转速和扭矩。为了很好地实现上述功能，要求齿轮心部韧性大，齿面硬度高，传动噪声还要小。因此对齿轮的材料、结构、加工工艺都要有很严格的要求。

b. 齿轮的结构　对齿轮类零件而言，由于对其传递动力的作用要求极为严格，一般齿轮毛坯都采用整体锻件的形式。当齿轮齿顶圆直径在 2 倍轴径以下时，常制成齿轮轴的形式。

风力发电机组齿轮箱中的齿轮，应优先选用斜齿轮、螺旋齿轮及人字齿轮。这几种齿轮几个齿同时啮合，具有传动噪声小、承载能力强的优点。

④ 齿轮箱轴与主轴　轴的主要功能是承受弯矩和传递扭矩，要求轴的滑动表面及配合表面硬度高，而心部韧性好。

主轴的结构特点是尺寸大，长度在 2～3m 以上。法兰盘直径一般约为轴长度的 1/2，前轴径约为法兰盘直径的 1/3，后轴径约为法兰盘直径的 1/5。主轴轴向设计出一个较大的锥度，这样既符合承受弯矩的需要，同时又可以节约材料、减轻重量。大尺寸轴的特点是空心轴多，空心轴抗疲劳性能好，轴孔中可用来安装其他设备。主轴的结构如图 6-5 所示。

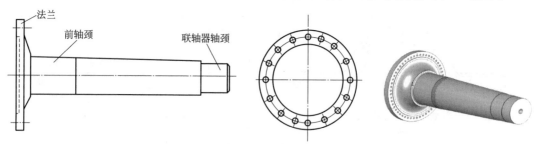

图 6-5　主轴的结构

齿轮箱按其主动和被动关系可分为主动轴、从动轴和中间轴。齿轮箱首级主动轴和末级从动轴的外伸部分用于安装半联轴器，与主轴和发电机轴相连。为了提高可靠性和减小外形尺寸，有时将半联轴器（法兰）与轴制成一体。

⑤ 轴承

a. 齿轮箱和主轴轴承的工作要求　轴承是齿轮箱和风轮轴中的重要零件，齿轮箱的很多故障是因轴承而引起的，所以轴承的合理选用直接决定了齿轮箱的质量和寿命，齿轮箱和主轴中轴承的尺寸很大，精度很高，价格较高。除风轮轴本身带有刹车盘的情况下使用滑动轴承外，一般均使用滚动轴承。一台齿轮箱需要 15～16 盘轴承。

主轴由两个调心滚子轴承支承。由于风轮主要承受的载荷非常大，而且轴很长，容易变形，因此要求轴承必须有良好的调心性能，设计时应确定轴承内部结构参数和保持架上的结构形式，使轴承具有良好的性能和较长的使用寿命。

齿轮箱中的轴承种类很多，主要是靠齿轮箱中的齿轮箱油润滑。润滑油中金属颗粒比较多，使轴承寿命大大缩短，因此需要采用特殊的热处理工艺，使滚道表面存在压应力，以降低滚道对颗粒杂质的敏感程度，进而提高轴承的使用寿命。同时，根据轴承的工作条件，对轴承结构进行优化设计，改进轴承加工工艺方法，进一步提高轴承的性能指标。

b. 齿轮箱和主轴轴承的工作特点　风力发电机组齿轮箱和主轴轴承的工作特点是重载和不规则的循环应力。在齿轮箱和主轴的支承中，大量应用滚动轴承，其特点是静摩擦力矩和动摩擦力矩都很小，即使载荷和速度在很宽范围内变化时也是如此。滚动轴承的安装和使用都很方便，但是，当轴的转速接近极限转速时，轴承的承载能力和使用寿命急剧下降，高速工作时的噪声和振动都比较大。齿轮传动时轴和轴承的变形会引起齿轮和轴承内外圈轴线的偏斜，使齿轮上载荷分布不均匀，这样会降低传动件的承载能力。由于轴承的质量和其他因素，如剧烈的过载或载荷不均匀性，会使轮齿发生断齿的现象。因此，选用轴承时，不仅要根据载荷的特点，还应根据部件的结构要求来确定。

齿轮箱轴承计算的使用寿命应不小于 13 万小时，在轴承安装、润滑、维护都正常运转过程中，由于套圈与滚动体的接触表面经常受到交变负荷的反复作用而产生疲劳剥落。若疲劳剥落发生在寿命期限之外，则属于滚动轴承的正常损坏。因此，一般所说的轴承寿命指的是其疲劳寿命。一批轴承的疲劳寿命是分散的，但总是服从一定的统计规律，因而轴承寿命总是与损坏概率或可能性相联系的。

由于风力发电机组齿轮箱和主轴轴承工作在重载和交变应力的恶劣工况下，考虑可靠性、安全性及使用寿命，目前使用的轴承多为承载能力较强的调心滚子轴承、圆柱滚子轴承、圆锥滚子轴承等。

c. 轴承的选型原则

（a）对于小直径的轴可采用球轴承，对于大直径的轴可采用圆柱、球面滚子、圆锥滚子轴承。

（b）当径向空间有限时，需要采用横截面积较小的轴承，如滚针轴承。当轴向空间有限时，可采用短圆柱滚子或承受复合负荷的深沟球轴承。

（c）负荷选择原则　对于一般性负荷，高转速时选择球轴承；而重负荷低转速时应选用滚子轴承；轴向载荷时应使用推力轴承；轴向及径向复合载荷时应使用向心推力轴承。

（d）精度　轴承的间隙、表面粗糙度等决定精度。精度决定噪声，精度高噪声低。

（e）转速　转速与其所处润滑条件和轴承的径向游隙有关。

（f）刚性　重载系列的轴承刚性好。

（g）对中性和轴向位移　对中性不易保证时，应选用调心轴承；轴向位移较大时，应选用圆柱滚子轴承加推力轴承。

（h）安装与拆卸　应采用内外圈可分离的轴承，这样安装与拆卸均方便。

d. 轴承使用的寿命　轴承使用寿命的计算采用估算法，要求故障的可能性应低于10％，计算的使用寿命不小于13万小时，计算时应考虑轴承的温度、润滑方式、润滑剂黏度、油膜间隙等因素。

e. 轴承报废的一般标准和判断　滚动轴承的失效形式，主要有疲劳剥落、过量的永久变形和磨损。疲劳剥落是正常的失效形式，它决定了轴承的疲劳寿命；过量的永久变形，使轴承在运转过程中产生剧烈的振动和噪声；磨损使轴承游隙、噪声、振动增大，降低轴承的运转精度。一些精密机械的轴承，可用磨损量来确定轴承寿命。

疲劳剥落可根据使用寿命，由基本的额定动载荷限定载荷能力；过量的永久变形，可由基本额定静载荷限定载荷能力；磨损尚无统一的计算方法。

轴承的损坏主要是由于噪声、温度、速度、振动、对中、润滑等因素造成的，在轴承的工作位置上可安装相应的传感器和测试仪器进行检测，根据检测信号的异常程度，即可判断轴承是否损坏。

6.1.3　齿轮箱和风轮轴的润滑系统

润滑系统的功能是在齿轮和轴承的相对运动部位上保持一层油膜，使零件表面产生的点蚀、磨损、粘连和胶合等破坏最小。

（1）润滑的作用

齿轮箱和主轴的润滑十分重要，良好的润滑能够对齿轮和轴承起到足够的保护作用。润滑的作用是：用润滑油润滑齿轮及轴承的运动表面，达到减少摩擦、降低接触应力、减少磨损、降低运动表面温度的目的。为此，必须高度重视齿轮箱和主轴的润滑问题，严格按照规范保持润滑系统长期处于最佳状态。因此配备可靠的润滑系统尤为重要。

（2）润滑系统的组成

齿轮箱常采用飞溅式润滑或强制润滑。对于飞溅润滑方式，结构简单，箱体内无压力，渗漏现象比较少，但是个别润滑点可能会因为油位偏低或冬季低温润滑油黏度增大，飞溅效果减弱而产生润滑不良的现象。对于压力润滑方式，其结构相对复杂，润滑管路由于存在压力，关键润滑点都有可靠润滑，且液压泵强制循环有利于润滑油的热量均匀和快速传递。但是产生渗漏的概率也随之增大。

齿轮箱的润滑多为强制润滑系统，设置有液压泵、过滤器，下箱体作为油箱使用，液压泵从箱体吸油口抽油后，经过过滤器输送到齿轮箱的润滑管路上，再通过管系将油送往齿轮箱的轴承、齿轮等各个润滑部位。管路上装有各种监控装置，可以确保齿轮箱在运转过程中不会出现断油现象。同时，还配备有电加热器和强制循环或制冷降温系统。

采用哪种润滑方式，主要取决于齿轮箱结构设计的需要。在寒冷地区采用飞溅式更应当注意润滑油的加热问题，并加强油位监测。对于没有润滑油过滤装置的机组，还应当根据现场情况考虑加装过滤装置或定期滤油，以提高齿轮箱运行的可靠性。

在齿轮箱运转前先启动润滑油泵，待各个润滑点都得到润滑后，间隔一段时间方可启动风力发电机组。当环境温度较低时，例如小于 10℃，必须先接通电热器加热机油，达到预定温度后再投入运行。若油温高于设定温度（一般为 65℃），机组控制系统将使润滑油进入系统的冷却管路，经冷却器冷却降温后再进入齿轮箱。管路中还装有压力传感器和油位传感器，以监控润滑油的正常供应。

（3）润滑油

① 四点要求　实际使用的润滑油应满足以下要求：

a. 减小摩擦和磨损，具有较高的承载能力，并能防止胶合在一起；

b. 吸收冲击和振动；

c. 防止疲劳点蚀；

d. 冷却、防锈、抗腐蚀。

不同类型的传动系统对润滑油有不同的要求。风力发电机组齿轮箱属于闭式齿轮传动类型，其主要失效形式是胶合与点蚀，所以在选择润滑油时，重点要保证有足够的油膜厚度和边界膜强度，因为在较大的温差下工作时，其要求黏度指数相对较高。为提高齿轮的承载能力和抗冲击能力，适当地添加一些添加剂也是很有必要的。但添加剂有副作用，在选择时必须慎重。齿轮箱制造厂一般根据自己的经验或实验研究，推荐各种不同的润滑油，例如 MONIL632、MONIL630 或 L-CK320、L-CK220《工业闭式齿轮油》就是根据齿面接触应力和使用环境条件选用的。

② 换油周期　在齿轮箱运行期间，要定期检查运行状况，查看运转是否平稳；有无振动或异常噪声；各处连接和管路有无渗漏，接头有无松动；油温是否正常。应定期更换润滑油，第一次换油应在首次投入运行 500 小时后进行，以后的换油周期为每运行 5000～10000h。在运行过程中也要注意箱体内油质变化情况，定期进行取样化验。若油质发生变化，氧化生成物过多并超过一定比例时，应及时更换。

齿轮箱应每半年检修一次，备件应按照正规图样制造。更换新备件后的齿轮箱，其齿轮啮合情况应符合技术条件的规定，并经过试运转与负荷试验后再正式使用。

6.1.4　润滑油的加热与冷却系统

（1）润滑油的加热系统

在高寒地区运行的风力发电机组可能会长期工作在 −30℃ 以下，这样的低温将会使润滑油的黏度增大，使润滑泵效率降低，管道阻力增大，导致齿轮箱内各润滑点的润滑状态恶化，可能使齿轮箱的寿命缩短甚至破坏。

为了保障高寒地区的风力发电机组正常运行，在齿轮箱润滑系统中专门设置了电加热器。机组启动前，检测系统根据检测到的润滑油温度，决定机组是否可以启动。当油温低于设定值时，首先启动润滑油加热系统，待油温达到设定值后才允许机组启动。

（2）润滑油的冷却系统

在热带和沙漠地区运行的风力发电机组可能会长期工作在 50℃ 以上，这样高的温度将会使润滑油的黏度变稀，油膜变薄，承载能力降低，导致齿轮箱内各润滑点的润滑状态恶化，可能使齿轮箱寿命缩短甚至破坏。为了保障热带和沙漠地区的风力发电机组正常运行，机组在齿轮箱润滑系统中专门设定了强制风冷或制冷型冷却器。在机组启动前，当检测系统检测到环境温度高于规定的环境温度时，或在运行中检测到润滑油的温度达到润滑油允许上限温度时，启动齿轮箱的冷却系统，以保证齿轮箱的可靠润滑。

6.1.5 齿轮箱的监控系统

风力发电机组齿轮箱在传动系统中的作用是等功率地将风轮获得的低转速的机械能转变为高转速的机械能，传动系统中齿轮箱是载荷和转速匹配的中心部件，因此齿轮箱的运行状态和技术参数直接影响到整个机组运行的技术状态。考虑到风力发电机组齿轮箱的工作特点，齿轮箱一般都设计有相应的监控系统，监控系统可以实时地监控齿轮箱中的轴承温度、润滑油温度、润滑系统的油压、润滑油位、润滑油的加热和散热装置的工作状态，控制系统可以根据监控系统检测到的润滑油温度，自动地启动及切除散热装置和加热装置，以使齿轮箱可靠地工作于最佳状态。

（1）齿轮箱监控系统的主要组成

齿轮箱的监控系统主要由润滑油温度传感器、油位传感器、油压传感器、油流量传感器、压力表、加热器温度传感器、冷却器温度传感器、控制用微处理器等组成，可以方便地实现远程监控。一旦发生故障，监控系统立刻发出报警信号，使操作者能够迅速地判定故障并加以排除。齿轮箱监控系统的组成，如图6-6所示。

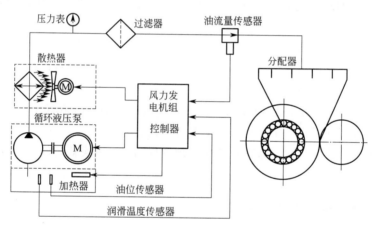

图 6-6　齿轮箱监控系统的组成

（2）齿轮箱监控系统与主控系统的关系

齿轮箱的润滑油温度信号、油位信号、流量信号都是控制系统的输入信号，控制计算机根据不同信号触发不同的控制程序，控制程序驱动相关的执行元件执行相关的操作，确保齿轮箱工作在良好状态下。

温度传感器将箱体内的润滑油温度以模拟电压信号的形式发送到控制计算机中，控制计算机首先将润滑油温信号和环境温度信号进行处理，形成相应的数字控制信号。根据控制信号的不同，计算机将触发不同的控制逻辑，控制逻辑输出相应的控制信号驱动继电器或发出报警信号，继电器的状态决定相应接触器的断开和闭合。接触器的状态直接控制相应执行元件的动作，如散热风扇的启动和停止、加热电热器的接通和断开、自动停机等。

油位传感器根据润滑油位的高低发出一个开关信号，开关信号输入到控制计算机后触发相应的逻辑模块，经逻辑判断，根据信号的状态发出警报信号，控制机组自动停机或正常运行。

油流量传感器发出的也是一个开关信号，开关信号输入到控制计算机后触发相应的逻辑模块，经逻辑判断，根据信号的状态发出报警信号，控制机组自动停机或正常运行。

任务 6.2 齿轮箱的检查与紧固件的紧固

【任务描述】

齿轮箱是双馈式风力发电机组的重要部件，对它进行定期的检查和保养，有助于提高齿轮箱的使用寿命。

【任务目标】

掌握齿轮箱的检查项目与操作步骤。

对齿轮箱进行任何维护和检修，必须首先使风力发电机停止工作，制动器处于制动状态。如特殊情况，需在风力发电机处于工作状态或齿轮箱处于转动状态下进行维护和检修时（如检查轮齿啮合、噪声、振动等状态时），必须确保有人守在紧急开关旁，可随时按下开关，使系统制动。

当处理齿轮箱润滑油或打开任何可能冒出润滑油蒸汽的端盖时，必须配戴安全面具和手套。

6.2.1 齿轮箱外表检查与维护

① 清洁齿轮箱表面污物。

② 检查齿轮箱表面的防腐涂层是否脱落。存在脱落现象，应及时采取补漆或者喷涂专业防腐剂。注意在补漆或喷涂防腐剂前必须先用砂纸除锈。

③ 检查齿轮箱低速端、高速端、各连接处是否漏油、渗油。

6.2.2 齿轮箱紧固件检查

① 用 3MXT 液压扳手和 60mm 套筒以规定力矩检查轮毂安装螺栓（轮毂/齿轮箱主轴），抽检力矩值参照附录 2。

② 用 5MXT 液压扳手和 75mm 套筒以规定力矩检查图 6-7 中夹紧法兰安装螺栓（夹紧法兰/主机架），抽检力矩值参照附录 2。

③ 用 3MXT 液压扳手和 46mm 套筒以规定力矩检查图 6-7 中楔块安装螺栓一（楔块/夹紧法兰），抽检力矩值参照附录 2。

④ 用 5MXT 液压扳手和 75mm 套筒以规定力矩检查图 6-7 中楔块安装螺栓二（楔块/主机架），抽检力矩值参照附录 2。

⑤ 用力矩扳手和 17mm 套筒以规定力矩检查图 6-8 中的避雷装置安装螺栓（避雷装置/齿轮箱），抽检力矩值参照附录 2。

⑥ 用力矩扳手和 24mm 套筒以规定力矩检查图 6-9 所示的转子锁挡板安装螺栓（转子锁挡板/转子锁），抽检力矩值参照附录 2。

在齿轮箱的前端设有转子锁定装置，当对系统进行检修时可以通过此装置锁定风轮，确保风力发电机处于安全状态。当需要锁定风轮时，用手将转子锁关闭。

夹紧法兰安装螺

楔块安装螺栓二

楔块安装螺栓一

图 6-7　紧固件检查

避雷器安装螺栓

图 6-8　避雷装置

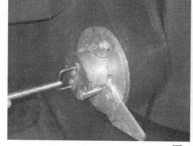

安装螺栓

润滑装置

图 6-9　转子锁

⑦ 紧固转子锁装置

a. 对于 99 版 DHI.DCW 齿轮箱，检查紧固转子锁装置把手螺栓及转子锁装置挡板螺栓是否松动。

b. 对于 ZOLLERN 及 03 版 DHI.DCW 齿轮箱，检查转子锁挡板螺栓是否松动，润滑装置内是否缺油。

c. 检查转子锁锁销能否正常在锁孔内往复运动。对于锈蚀的部分，要用砂纸除锈，并在锁孔内涂抹少量润滑脂（Kluber plex BEM41-132）防锈。

⑧ 齿轮箱本体螺栓　以规定力矩检查齿轮箱本体连接螺栓。

6.2.3　齿轮箱润滑油检查与更换

（1）检查润滑油油位

检查油位前，应先将机组停机等待 20min，再检查油位。正常油位位于：从上螺纹孔的中心到两个刻度线的距离分别为 61mm、71mm（参见公告 KF-09006）。如果油位不足，补加齿轮油，具体操作如图 6-10 所示：

① 将图 6-11 所示的齿轮箱后端观察孔及其附近清理干净；

② 用 18mm 扳手拧下观察孔固定螺栓，将取下的螺栓找一远离观察口的位置妥善放置（统一放在塑料口袋或者纸盒中）；

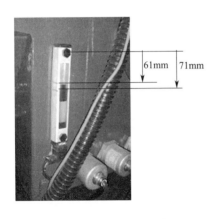

图 6-10 齿轮油油位示意图

齿轮箱观察孔

图 6-11 齿轮箱后端观察孔

③ 垂直取下观察口端盖，并用大布在远离观察口处擦净，放置；

④ 将指定型号的齿轮油经过滤后加入齿轮箱；

⑤ 擦净加油时外漏的油，安装观察口盖板（如密封胶圈老化失效，要立即更换），对角拧紧固定螺栓。

重要提示：整个过程不要使任何污染物通过观察口进入齿轮箱。

（2）齿轮箱油样采集

风机正常运行后，第 3 个月须对齿轮箱润滑油进行一次采样化验，之后每隔 6 个月对齿轮箱润滑油进行一次采样化验（特殊情况，采样间隔周期缩至 3 个月），根据化验结果决定是否需要更换。正常情况下，齿轮油更换周期为 3 年。

齿轮油采样步骤：

① 机组停机；

② 关闭油泵高、低速断路器，取油样时油温应保持在 40～50℃之间；

③ 将图 6-11 所示的齿轮箱后端观察孔及其周围清理干净；

④ 用 18mm 扳手拧下观察孔固定螺栓，将取下的螺栓找一远离观察口的位置妥善放置（统一放在塑料口袋或者纸盒中）；

⑤ 垂直取下观察口端盖，并用大布在远离观察口处擦净，放置；

⑥ 用吸油泵吸取油样存入取样瓶（2/3～4/5 容积），注意一定保证油管、取样瓶的清洁，如重复利用，必须用准备取样的齿轮油冲洗；

⑦ 对取样瓶标记信息，如风场名称、机组编号、取样时间、取样时齿轮油温、取样人姓名；

⑧ 清理废油并安装密封观察孔，如密封胶圈老化失效要立即更换；

⑨ 对角将紧固定螺栓。

重要提示：不要使任何污染物通过观察口进入齿轮箱。

6.2.4 检查齿轮箱其他部位

（1）检查齿轮箱空气滤清器

风机长时间工作后，齿轮箱上的空气滤清器因灰尘、杂质、油气或其他物质而导致污染。取下空气滤清器的上盖，检查其污染情况。如已经污染，更换滤清器。空气滤清器更换周期一般为 1 年。如图 6-12 所示。

图 6-12 空气滤清器

减震板弹簧

图 6-13 齿轮箱减振板弹簧

（2）检查齿轮箱噪声

此处的噪声是指风力发电机运行并连接到电网时，由齿轮箱发出的噪声。注意齿轮箱是否有异常的噪声（例如"嘎吱"声、"咔嗒"声或其他异常噪声）。如果发现异常噪声，立即查找原因，排查噪声源。如不能解决问题，可立即与厂家联系。

（3）检查轮齿啮合及齿面情况

首先将视孔盖及其周围清理干净，然后用扳手打开视孔盖。通过视孔盖观察齿轮啮合情况、齿表面情况（齿面疲劳、胶合等），目测润滑油油色及杂质情况、腐蚀、杂质微粒、标记点蚀、断齿、微型点蚀、齿面接触标记、撞击标记。如发现问题，立即检修。

在油样采集的同时对高速端进行齿轮啮合及齿面检查。在顺桨时打开制动器，通过观察口观察齿轮啮合情况和齿面情况，检查齿面是否有点蚀、裂纹、断齿现象。如有问题，拍照、记录机组信息。

检查完后，将观察孔重新密封安装（如密封胶垫损坏，应及时更换），对角拧紧固定螺栓。

6.2.5 检查其他辅助器件

（1）检查传感器

检查齿轮箱上所有的温度、压力传感器，查看其连接是否牢固，连接线缆有无磨损。

（2）检查减振装置

目检减振板弹簧，查看有无裂纹、老化、粉末物质脱落等情况，如图 6-13 所示。

（3）检查集油盒

检查主机架底部和齿轮箱前端底部的集油盒，将里面的油收集到指定的容器内并将集油盒清理干净。

（4）检查避雷装置

齿轮箱前端设有三组雷电保护装置，其作用是将风轮上产生的电流传导到齿轮箱的机体，通过连接在齿轮箱机体上的接地线将电流导入大地来保护风机。

检查避雷装置（图 6-14），主要检查避雷装置安装螺栓（避雷装置/齿轮箱）是否松动，同时检查避雷装置上的碳刷是否与主轴前端转子接触良好。如碳刷磨损量超过初始尺寸的 3/4，必须立即更换新的碳刷。避雷板前端尖部与主轴转子之间的间隙为 0.5～1mm。

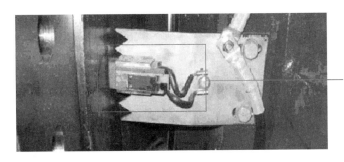

图 6-14　避雷装置

6.2.6　更换齿轮箱润滑油

更换齿轮箱润滑油，首先须在风速满足 3～6m/s 的条件下进行。换油周期为 3 年。

更换步骤如下：

① 将事先准备的空油桶和工具，通过卷扬机吊到上段塔筒平台处；

② 用洁净的抹布清理排油阀，清理完后，将放油软管一端连接到排油阀上，另一端放入油桶内；

③ 关闭齿轮箱油泵高、低速断路器，拆卸如图 6-15 所示的管接头处，将其与专门制作的喷枪头用软管连接；

图 6-15　更换润滑油拆卸接头

④ 打开齿轮箱后端观察口端盖，松开机械刹车，让轮毂缓慢转动，恢复油泵高、低速断路器，启动油泵电机，用步骤③接好的喷枪，通过观察口清洗齿轮箱箱体内壁及齿面；

⑤ 盖上观察口端盖（不用螺栓紧固），取下空气滤清器，通过齿轮箱空气滤清器安装孔清洗齿轮箱内壁、行星轮系及主轴；

⑥ 目测达到清洗效果后，关闭油泵，打开齿轮箱底部放油阀，排空箱体内齿轮油；

⑦ 齿轮油排空之后，关闭放油阀，注入一定量新齿轮油，参照步骤④、⑤对齿轮箱进行清洗；

⑧ 清洗完毕，打开放油阀排净齿轮油；

⑨ 按照 6.3.1（3）的步骤更换滤芯；

⑩ 加注新的齿轮油；

⑪ 加完油后将加油孔重新封好，并清理加油过程中所泄漏的润滑油；

⑫ 再次确认加油孔、放油阀是否密封好。

润滑油型号及加注量参见附录1。

任务 6.3　油路与冷却器的检查与维护

【任务描述】

齿轮箱的润滑系统需要油温监测并进行冷却或加热，确保齿轮箱润滑正常。

【任务目标】

掌握齿轮箱油冷却系统与润滑系统的检查项目及操作步骤。

齿轮箱油冷却系统与润滑系统主要实现以下三个功能：
① 使齿轮箱内部齿轮及轴承充分润滑，延长齿轮箱寿命；
② 不间断监测齿轮箱油温并进行冷却或加热，确保齿轮箱油温保持在最佳工作范围；
③ 过滤润滑油中杂质。

6.3.1 油路检查与维护

（1）油路检查

① 检查油冷却与润滑系统所有管路的接头连接情况（包括箱底放油阀），查看各接头处是否有漏油、松动、损坏现象，特别对于易发生松动的管接头，如图 6-16 所示标注的 1.2MPa 单向阀相关接头处，对于发现松动的必须及时予以拧紧。

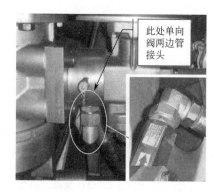

图 6-16　1.2MPa 单向阀

图 6-17　油冷却系统回路

② 检查连接管路是否存在老化、磨损现象，管路与机械部件的接触位置是否采取了防磨损的保护措施，如图 6-17 所示。

（2）检查油冷却器

① 如图 6-17 所示，用力矩扳手和 19mm 套筒检查冷却器安装螺栓（冷却器与主机架的连接螺栓）。

② 检查油冷风扇电机的接线是否松动，风扇的旋转方向是否正确。要避免电动机长时间反向运转，建议不超过 10s。

③ 及时清理油冷散热片污垢，特别是风沙较大的现场（例如内蒙古、吉林部分现场），散热片存在较多泥垢，需把油冷风扇电机拆下，并在散热片底部铺好大布，用专业清洗剂和气枪从上往下清洗。

④ 沿海区域的现场重点要做好防腐措施——对表层保护漆破损处和机组中腐蚀相对严重的区域，用砂纸除锈后，喷涂指定型号的防腐剂。

⑤ 检查散热片与其支架的各连接部位的连接情况。如果连接部位有松动或损坏现象，应立即进行把紧或更换处理。

⑥ 检查油冷却器的整体运转情况是否正常，是否存在振动、噪声过大等现象。

⑦ 检查冷却器上帆布的安装、固定以及老化情况。

(3) 检查过滤器

过滤器的维护主要是更换滤芯。使用中的过滤器配有压差发讯器，如果其发出信号就需要更换滤芯。被污染的滤芯必须要更换，如果不更换污染的滤芯，会对整个系统造成损坏。

更换受污染的滤芯要按照以下步骤进行：停止设备运行并从过滤器释放系统压力；打开排油阀；打开过滤器盖并将工作油液放到合适的容器内；轻轻晃动并拉出滤芯；清洁过滤器内壁；关闭排油阀；检查过滤器端盖密封件，如果有必要应更换；拿出更换用滤芯，确认和旧滤芯是同一型号，装入滤壳内（之前应确认密封件没有损坏，并且安装好密封件）；安装好过滤器端盖；更换滤芯时要更换密封件，新滤芯带有新的密封件。具体操作步骤如下：

① 确认机组已处于停机状态，润滑与冷却系统已完全卸压；

② 关闭齿轮箱与油泵之间的球阀；

③ 打开过滤器下部放油阀放油，如图 6-18 所示；

④ 用抹布清洁过滤器四周，拆下过滤器与齿轮箱之间的连接软管及尾帽，如图 6-17 所示；

⑤ 取出滤芯，用抹布擦拭干净；

⑥ 取下过滤器底部的脏物收集器，清洗完毕后装到新的滤芯上；

⑦ 将使用过的滤芯装入准备好的塑料袋中，统一存放，妥善处置；

⑧ 装入新的滤芯（滤芯更换周期：投运后 3 个月更换一次，之后每 6 个月更换一次）；

⑨ 关闭放油阀，旋紧尾帽（旋紧后再回旋 1/4 圈），连接放气软管并打开球阀，检查过滤系统工作是否正常，做好相应记录。

图 6-18　放油阀放油

注意：更换完毕后，必须确保过滤系统工作正常，过滤器无渗油，过滤器放油阀处于关闭状态。

检查被换下的滤芯是否有铁屑存在。如有较多铁屑，应该化验齿轮箱润滑油，通过化验结果，判断减速箱是否有潜在的危险。将新的滤芯安装到机组上后，应开机听液压泵和齿轮箱运行声音是否正常，观察液压泵出口压力表压力是否正常。安装滤油器外壳时，应注意对正螺纹，均匀用力，避免损伤螺纹和密封圈。

(4) 检查油泵及油泵电机

① 常规检查

a. 检查油泵表面的清洁度。

b. 检查油泵电机的接线是否松动。

c. 检查油泵与过滤器的连接处是否漏油。

② 油泵电机主轴与油泵主轴对中

a. 如图 6-19 所示，松开油泵电机 8 个固定螺栓，取下油泵电机，检查油泵联轴器。如果发现联轴器损伤严重，则直接更换油泵联轴器。旋松图 6-20 所标注出的四颗 M8 螺栓，取下电机下的铝罩，清理联轴器铝罩内的杂物。

b. 装回铝罩，手动带上图 6-20 所标注的螺栓（不能太紧），装回油泵电机，手动带紧图 6-19 中 A 图所标注的螺栓，通过电机与铝罩、铝罩与油泵之间的光孔间隙调整图 6-19 中 B 标注螺栓的水平偏差（如果凭此两个配合面的螺栓光孔间隙无法满足水平偏差的差值，可用交流钻适当扩大电机地脚孔）。水平偏差调整好后，手动带紧电机垂直面固定螺栓，会在电机与齿轮箱垂直装配面上存在很大缝隙，用发电机对中垫片补偿该处缝隙，以保证电机一直处于自然垂直状态。

c. 依次用套筒紧固图 6-20 及图 6-19 所标注的固定螺栓（图 6-19 中 B 垂直面最后紧固）。

图 6-19　油泵电机

图 6-20　油泵电机螺栓

（5）检查球阀

检查球阀，确定其工作位置是否正确，有无漏油现象。

（6）紧固件检查

检查油冷系统紧固螺栓是否松动，相关抽检力矩值见附录 2。

6.3.2　冷却器的维护

通常情况下冷却器所需要的维护非常少，但是应当注意的是：冷却器必须要保持清洁，否则会影响其散热功率和电动机的寿命。

在工作状态下润滑系统是带压的，因此在工作时不要松动或拆卸润滑系统的任何元件或壳体，否则，高温或高压的工作油液可能会溢出，泄漏的工作油液会带来危险。对过滤器操作时要戴护目镜和安全手套。

项目7

联轴器的检查和维护

任务 7.1 联轴器认知

【任务描述】

联轴器是一种通用元件，种类很多，用于传动轴的连接和动力传递。本任务将分析联轴器的结构特点。

【任务目标】

① 了解联轴器的结构原理和作用。
② 掌握联轴器检查与维护相关知识。

7.1.1 联轴器简介

(1) 联轴器作用与工作原理

联轴器是一种通用元件，种类很多，用于传动轴的连接和动力传递。安装位置如图 7-1 所示。

风力发电机组多采用先进的弹性联轴器，安装在齿轮箱输出轴与发电机输入轴之间。除传递扭矩外，联轴器还可以吸收水平方向及垂直方向的振动，并具有良好的纠偏功能，确保驱动端设备与非驱动端设备之间的电绝缘。

(2) 联轴器的特点

联轴器的主体材料为优质合金钢。每个连杆

图 7-1 联轴器

内均设有球形轴承和橡胶衬套，具有良好的轴向和角向偏差补偿能力，能同时达到给定的最大补偿值，且能有效地减少振动和噪声。

轴向补偿与角向补偿分别由不同关节轴承完成，相互之间没有干涉，所以轴向、角向与径向的偏差补偿能力能同时达到最大值。

传动轴的绝缘取决于连杆中的橡胶。每个连杆中有两个带橡胶的关节轴承，可对电流绝缘两次。

7.1.2 联轴器的结构类型

联轴器可以分为刚性联轴器（如胀套联轴器）和挠性联轴器两大类，挠性联轴器又分为无弹性元件联轴器（如万向联轴器）、非金属弹性元件联轴器（如轮胎联轴器）、金属弹性元件联轴器（如膜片联轴器）。刚性联轴器常用于对中性好的两个轴的连接，而挠性联轴器则用于对中性较差的两个轴的连接。挠性联轴器还可以提供一个弹性环节，该环节可以吸收轴系外部负载波动产生的振动。

在风力发电机组中，通常在低速轴端（主轴与齿轮箱低速轴连接处）选用刚性联轴器，在高速轴端（发电机与齿轮箱高速轴连接处）选用挠性联轴器。

（1）刚性涨套联轴器

涨套联轴器的结构如图 7-2 所示。它是靠拧紧高强度螺栓使包容面产生压力和摩擦力来传递负载的一种无键连接方式，可传递转矩、轴向力或两者的复合载荷。与键连接比较，可避免零件因键连接而削弱强度，提高了零件的疲劳强度和可靠性。涨套连接与一般过盈连接、键连接相比，具有许多独特的优点：制造和安装简单，安装涨套的轴和孔的加工不像过盈配合那样要求高精度的制造公差。安装涨套也无需加热、冷却或加压设备，只需将螺栓按规定的转矩拧紧即可，并且调整方便，有良好的互换性，拆卸方便。涨套的使用寿命长，强度高，因为它是靠摩擦传动，被连接件没有相对运动，工作中不会磨损。涨套在涨紧后，接触面紧密贴合，不易锈蚀。涨套在超载时，可以保护设备不受损坏。

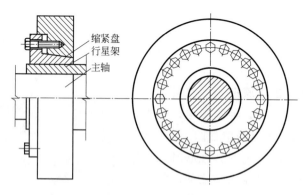

图 7-2 涨套联轴器

（2）万向联轴器

万向联轴器是一类容许两轴间具有较大角位移的联轴器，适用于有大角位移的两轴之间的连接，一般两轴的轴间角最大可达 35°～45°，而且在运转过程中可以随时改变两轴的轴间角。

在风力发电机组中，万向联轴器也得到应用，例如图 7-3 所示的十字轴式万向联轴器。主、从动轴的叉形件（轴叉）1、3 与中间的十字轴 2 分别以铰链连接，当两轴有角位移时，轴叉 1、3 绕各自固定轴线回转，而十字轴则做空间运动。

可以将两个单万向联轴器串联而成为双万向联轴器，应用方式如图 7-4 所示。

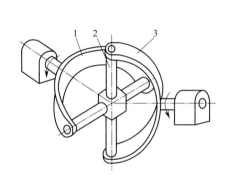

图 7-3 十字轴式万向联轴器结构简图
1，3—轴叉；2—十字轴

图 7-4 十字轴式万向联轴器应用方式
（a）主、从动轴线相交；（b）主、从动轴线平行

（3）轮胎联轴器

图 7-5 所示为轮胎联轴器的一种结构，外形呈轮胎状的橡胶元件 2 与金属板硫化粘接在一起，装配时用螺栓直接与两个半联轴器 1、3 连接。采用压板、螺栓固定连接时，橡胶元件与压板接触压紧部分的厚度稍大一些，以补偿压紧时的压缩变形，同时应保持有较大的过渡圆角半径，以提高疲劳强度。橡胶元件的材料有两种，即橡胶和橡胶织物复合材料，前一种材料的弹性高，补偿性能和缓冲减振效果好，后一种材料的承载能力大，当联轴器的外径大于 300mm 时，一般都用橡胶织物复合材料制成。轮胎联轴器的特点是具有很高的柔度，阻尼大，补偿两轴相对位移量大，而且结构简单，装配容易，相对扭转角 6°～30°。轮胎联轴器的缺点是随扭转角增加，在两轴上会产生相当大的附加轴向力，同时也会引起轴向收缩

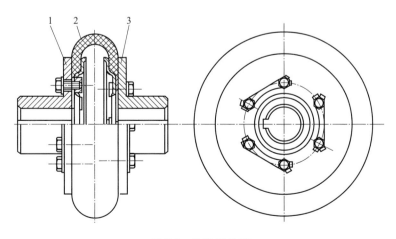

图 7-5 轮胎联轴器
1，3—半联轴器；2—橡胶元件

而产生较大的轴向拉力。为了消除或减轻这种附加轴向力对轴承寿命的影响，安装时宜保持一定量的轴向预压缩变形。

（4）膜片联轴器

膜片联轴器采用一种厚度很薄的弹簧片，制成各种形状，用螺栓分别与主、从动轴上的两半联轴器连接。图 7-6 所示为一种膜片联轴器的结构，其弹性元件为若干多边环形的膜片，在膜片的圆周上有若干螺栓孔。为了获得相对位移，常采用中间体，其两端各有一组膜片组成两个膜片联轴器，分别与主、从动轴连接。

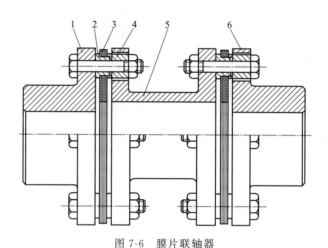

图 7-6　膜片联轴器

1，6—半联轴器；2—衬套；3—膜片；4—垫圈；5—中间体

（5）连杆联轴器

如图 7-7 所示的连杆联轴器，也是一种挠性联轴器。每个连接面由 6 个连杆组成，连杆一端连接被连接轴，一端连接中间体，可以对被连接轴轴向、径向角向误差进行补偿。连杆联轴器设有滑动保护套，如图 7-8 所示，用于过载保护。滑动保护套由特殊合金材料制成，它能在机组过载时发生打滑，从而保护电机轴不被破坏。在保护套的表面涂有不同的涂层，保护套与轴之间的摩擦力始终是保护套与轴套之间摩擦力的 2 倍，从而保证滑动永远只会发生在保护套与轴套之间。当转矩从峰值回到额定转矩以下时，滑动保护套与轴套之间继续传递转矩。

图 7-7　六连杆联轴器

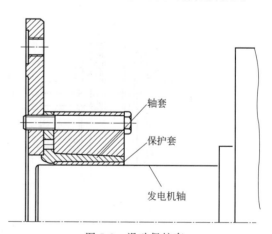

图 7-8　滑动保护套

任务 7.2　联轴器的检查与维护

【任务描述】

联轴器是运动机构的连接部件，它对各运动机构的正常运转有直接影响，使用时要对联轴器进行定期检查与维护。

【任务目标】

掌握联轴器检查维护的步骤和注意事项。

7.2.1　联轴器的检查维护须知

在进行维护和检修工作时，必须携带《检修卡［联轴器］》。《检修卡［联轴器］》上的每项内容必须严格进行检修与记录。在进行维护和检修前，必须做到以下几点。

① 阅读《SL1500 安全手册》。所有操作必须严格遵守《SL1500 安全手册》。

② 确定环境温度。如果环境温度低于 −20℃，不得进行维护和检修工作。低温型风力发电机，如果环境温度低于 −30℃，不得进行维护和检修工作。

③ 确定风速。如果超过下述任何一个限定值，必须立即停止工作，不得进行维护和检修工作：

a. 叶片位于工作位置和顺桨位置之间的任何位置

5min 平均值（平均风速）10m/s，5s 平均值（阵风速度）19m/s；

b. 叶片位于顺桨位置（当叶轮锁定装置启动时不允许变桨）

5min 平均值（平均风速）18m/s，5s 平均值（阵风速度）27m/s。

重要提示：

① 对联轴器进行任何维护和检修，必须首先使风力发电机停止工作，各制动器处于制动状态并将叶轮锁锁定；

② 如特殊情况，需在风力发电机处于工作状态进行维护和检修时，必须确保有人守在紧急开关旁，可随时按下开关，使系统刹车；

③ 当处理具有刺激性和腐蚀性物质时，必须穿戴安全面具和手套。

7.2.2　联轴器的检查维护

（1）CENTA 联轴器外表检查与维护

① 清洁联轴器表面。

② 检查联轴器表面的防腐涂层是否有脱落现象。如有，补涂防腐漆。

③ 检查联轴器万向节胶垫是否老化、开裂。如有老化、开裂现象，更换整套万向节。

（2）联轴器安装尺寸检查（CENTA）

CENTA 联轴器安装，要求轴向偏差为 $K_A = 0.5mm$，径向偏差为 $K_R = 0.8mm$，角度偏差为 $K_W = 0.2°$。轴向偏差可用钢卷尺直接测出，如图 7-9 所示。CENTA 联轴器轴向安装尺寸为 650mm，检查该尺寸，如果不符合要求，松开发电机涨紧套螺栓，调整轴向安装尺寸到要求值，重新按规定力矩值对角拧紧涨紧套螺栓。径向偏差和角度偏差用激光对中仪在发电机对中过程中实现纠偏。

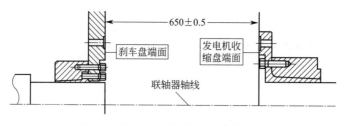

图 7-9　CENTA 联轴器轴向安装尺寸

（3）联轴器螺栓检查（CENTA）

如图 7-10 所示：

① 用力矩扳手和 30mm 套筒以规定力矩检查联轴器/制动盘、联轴器/发电机侧收缩盘（M20×90），抽检力矩值见附录2；

② 用力矩扳手和 30mm 套筒以规定力矩检查联轴器本体螺栓（M20×85），抽检力矩值见附录2。

图 7-10　联轴器-CENTA

（4）KTR 联轴器安装尺寸检查

KTR 联轴器安装，要求轴向偏差为 $K_A=0.5$mm，径向偏差为 $K_R=1.5$mm，角度偏差为 $K_W=0.25°$。轴向偏差可用钢卷尺直接测出，如图 7-11 所示。KTR 联轴器轴向安装尺寸为 655mm，检查该尺寸，如果不符合要求，松开发电机涨紧套螺栓，调整轴向安装尺寸到要求值，重新按规定力矩值对角拧紧涨紧套螺栓。径向偏差和角度偏差用激光对中仪在发电机对中过程中实现纠偏。

（5）KTR 联轴器螺栓检查

如图 7-11 所示：

① 检查联轴器膜片是否损坏，即使单个膜片损坏，也必须更换整个模片组；

② 用 8～60N·m 力矩扳手检查胀紧螺栓，抽检力矩值参照附录2。

（6）同轴度检测

为保证联轴器的使用寿命，必须每年进行两次同轴度检测。前面已给出径向偏差及角度偏差的最大允许值。使用激光对中仪检测或调整联轴器同轴度时，径向偏差及角度偏差应在 0.2mm 及 0.02/100 以内。使用激光对中仪进行发电机对中方法及步骤详见附录3。

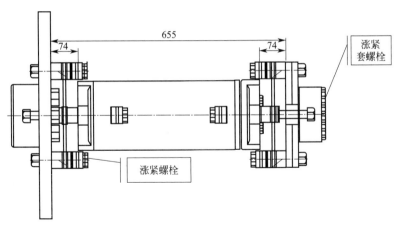

图 7-11　联轴器-KTR

项目8

液压系统的定检

任务 8.1　液压元件的认知

【任务描述】

风机液压系统是一个公共服务系统，它为风机上的一切使用液压作为驱动力的装置提供动力。学习液压系统，首先应掌握液压系统的组成及工作原理。

【任务目标】

① 了解液压传动系统的组成及工作原理。

② 掌握系统中液压元件的结构及工作原理。

8.1.1　液压系统的组成及工作原理

液压系统是以液压油为介质，实现动力传输和运动控制的机械单元。液压系统具有传动平稳、功率密度大、容易实现无级调速、易于更换元件和过载保护可靠等优点，在大型风力发电机组中得到广泛的应用。

（1）液压系统的基本组成

液压系统的组成部分称为液压元件，根据液压元件的功能分类如下。

① 动力元件　动力元件的作用是将原动机的机械能转换成液体（主要是油）的压力能，是指液压系统中的油泵向整个液压系统提供压力油。液压泵的常见结构形式有齿轮泵、叶片泵和柱塞泵。

② 控制元件　控制元件（即各种液压阀）的作用是在液压系统中控制和调节液体的压力、流量和方向，以满足执行元件对力、速度和运动方向的要求。根据控制功能的不同，液

压阀可分为压力控制阀、流量控制阀和方向控制阀。压力控制阀又分为溢流阀（安全阀）、减压阀、顺序阀、压力继电器等。流量控制阀包括节流阀、调速阀、分流集流阀等。方向控制阀包括单向阀、液控单向阀、换向阀等。根据控制方式不同，液压阀可分为开关式控制阀、定值控制阀和比例控制阀。

③ 执行元件 执行元件是把系统的液体压力能转换为机械能的装置，驱动外负载做功。旋转运动用液压马达，直线运动用液压缸，摆动用液压摆动马达。

④ 辅助元件 辅助元件是传递压力能和液体本身调整所必需的液压辅件，其作用是储油、保压、滤油、检测等，并把液压系统的各元件按要求连接起来，构成一个完整的液压系统。辅助元件包括油箱、蓄能器、滤油器、油管及管接头、密封圈、压力表、油位计、油温计等。

⑤ 工作介质 液压油是液压系统中传递能量的工作介质，有各种矿物油、乳化液和合成型液压油等几大类。

（2）液压系统工作原理

一个液压系统是由液压元件和液压回路构成，用以控制和驱动液压机械完成所需工作的整个传动系统。图 8-1 可说明液压传动系统的工作原理：当电动机带动油泵运转时，油泵从油箱经滤油器吸油，并从其排油口排油，也就是把经过油泵获得了液压能的油液排入液压系统。

在图示状态，即换向阀手把位于中位时，油泵排出的油液经排油管—节流阀—换向阀 P 口—换向阀 O 口—回油箱。

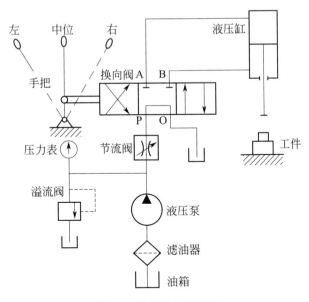

图 8-1 液压系统原理图

如果把换向阀手把推向左位，则该阀阀芯把 P、A 两口沟通，同时，B、O 两口也被沟通，油泵排出的油液经 P 口—A 口—液压缸上腔；同时，液压缸下腔的油液—B 口—O 口—回油箱，这样液压油缸上腔进油，下腔回油，活塞在上腔油压的作用下带动活塞杆一起向下运动。当活塞向下运行到液压油缸下端极限位置时，运行停止，然后可根据具体工作需要，或溢流阀保压停止，或使活塞杆返回原位。

如果需要活塞杆向上运动返回原位，则应把换向阀手把推向右位，这时 P 口、B 口被阀芯通道沟通，油泵排出的油液经—P 口—B 口—液压缸下腔；同时液压缸上腔的油液经—A

口—O口（当换向阀沟通P口、B口时，也同时沟通了A口、O口）—回油箱。这样，液压缸下腔进油，上腔回油，活塞在下腔油压的作用下，连同活塞杆一起向上运动返回原位，通过操纵换向阀手把的左、中、右位置，可以分别实现液压缸活塞杆的伸、停、缩三种运动状态。手把不断左右换位，活塞就带动活塞杆不断地做往复直线运动。

系统中的节流阀可用来调节液压缸活塞杆运动速度的快慢；溢流阀用于稳压和限制系统压力；压力表用来观测系统压力；滤油器用于过滤液压泵吸的油；油箱用于储油和沉淀油液杂质。

8.1.2 液压元件

液压系统由各种液压元件组成液压回路，利用液压传动实现做功。

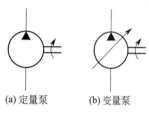

(a) 定量泵　　(b) 变量泵

图 8-2　液压泵的图形符号

(1) 液压泵

液压泵是能量转换装置，用来向液压系统输送压力油，推动执行元件做功。按照结构的不同，液压泵可分为齿轮泵、叶片泵、柱塞泵和螺杆泵。按照额定压力的不同，可分为低压泵、中压泵、中高压泵、高压泵和超高压泵。按照液压泵输出流量能否调节，又分为定量泵和变量泵。液压泵的图形符号如图8-2所示。

图8-3所示为风力发电机组常用的齿轮泵。齿轮泵结构比较简单，它最基本的形式就是两个尺寸相同的齿轮在一个紧密配合的壳体内相互啮合旋转，两啮合的齿轮将泵体、前后盖板和齿轮包围的密闭容积分为两部分，齿轮进入啮合的一侧密闭容积减小，经压油口排油，退出啮合的一侧密闭容积增大，经吸油口吸油。随着驱动轴的不断旋转，泵也就不间断地输出高压油。

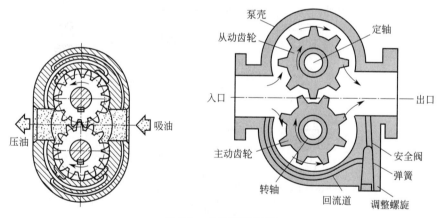

图 8-3　齿轮泵原理图

(2) 液压阀

液压阀按其功能分为方向控制阀、压力控制阀和流量控制阀。

① 方向控制阀　方向控制阀用来控制液压系统的油流向，接通和断开油路，从而控制执行机构的启动、停止或改变运动方向。方向控制阀有单向阀和换向阀两大类。

a. 单向阀　普通单向阀控制油液只能沿一个方向流动，不能反向流动。它由阀体、阀芯和弹簧等零件组成，如图8-4所示。液控单向阀是带控制口的单向阀，当控制口通压力油时，油液也可以反向流动，如图8-5所示。

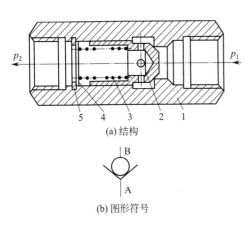

(a) 结构

(b) 图形符号

图 8-4 单向阀

1—阀体；2—锥阀；3—弹簧；4、5—挡圈

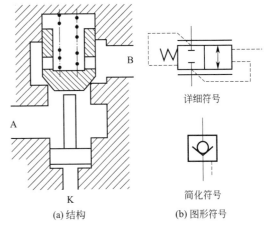

(a) 结构

(b) 图形符号

图 8-5 液控单向阀

b. 换向阀 换向阀的作用是利用阀芯相对阀体的运动来控制液流方向，接通或断开油路，从而改变执行机构的运动方向、启动或停止。换向阀的种类很多，按操作阀芯运动的方式可分为手动、机动、电磁动、液动、电液动等。换向阀的稳定工作位置称为"位"，对外接口称为"通"。电磁换向阀具有动作迅速、操作方便、易于实现自动控制等优点，广泛应用于液压系统工作回路中。表 8-1 所示为常用换向阀的结构原理和图形符号。

表 8-1 常用换向阀的结构原理和图形符号

名称	结构原理图	图形符号图
二位二通		
二位三通		
二位四通		
二位五通		
三位四通		
三位五通		

电磁换向阀是利用电磁铁吸力使阀芯移动实现换向的。二位三通电磁换向阀，如图 8-6 所示。当电磁铁断电时，进油口 P 与油口 A 接通，油口 B 被关闭。当电磁铁通电时，产生的电磁吸力通过推杆 1 将阀芯 2 推向右端，进油口 P 与油口 B 接通，油口 A 被关闭。

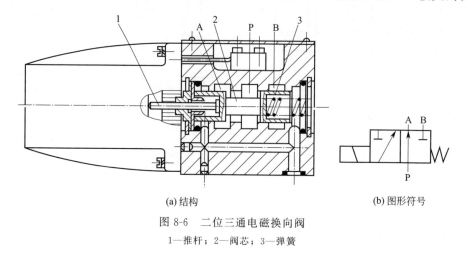

(a) 结构   (b) 图形符号

图 8-6　二位三通电磁换向阀

1—推杆；2—阀芯；3—弹簧

三位四通电磁换向阀，如图 8-7 所示。当两边电磁铁均不通电时，阀芯在两端对中弹簧的作用下处于中间位置，油口 P、A、B、T 互不相通（中位）。当左侧的电磁铁通电时，衔铁将阀芯推向右边，这时进油口 P 和油口 A 接通，油口 B 与回油口 T 相通（左位）；当右侧的电磁铁通电时，阀芯被推向左边，这时进油口 P 和油口 B 接通，油口 A 与回油口 T 相通（右位）。因此，通过控制左右电磁铁通电和断电，就可控制液流的方向，实现执行元件的换向。

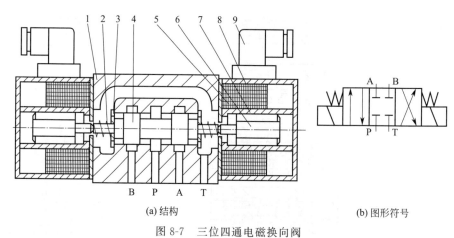

(a) 结构   (b) 图形符号

图 8-7　三位四通电磁换向阀

1—阀体；2—弹簧；3—弹簧座；4—阀芯；5—电磁线圈；6—衔铁；7—隔套；8—壳体；9—插头组件

② 压力控制阀　在液压系统中用来控制油液压力，或利用压力作为信号来控制执行元件和电气元件动作的阀，称为压力控制阀，简称压力阀。这类阀工作原理的共同特点是，利用油液压力作用在阀芯的力与弹簧力相平衡的原理进行工作的。按压力控制阀在液压系统中的功用不同，可分为溢流阀、减压阀、顺序阀、压力继电器等。

a. 溢流阀　常用溢流阀有直动型和先导型两种。直动型溢流阀由阀芯、阀体、弹簧、上盖、调节杆、调节螺母等零件组成。阀体上进油口连接泵的出口，出口接油箱。原始状态，阀芯在弹簧压力作用下处于最下端位置，进出油口隔断。当液压力等于或大于弹簧压力时，阀芯上移，阀口开启，进口压力油经阀口流回油箱。

溢流阀的主要功用如图 8-8 所示。在定量泵节流调速系统中用来保持液压泵出口压力恒定，并将泵输出多余油液放回油箱，起到稳压溢流作用，此时称为定压阀。当系统负载达到其限定压力时，打开阀门使系统压力不能上升，对设备起到安全保护作用，此时称为安全阀。溢流阀与电磁换向阀集成称为电磁溢流阀，电磁溢流阀可以在执行机构不工作时使泵卸载。

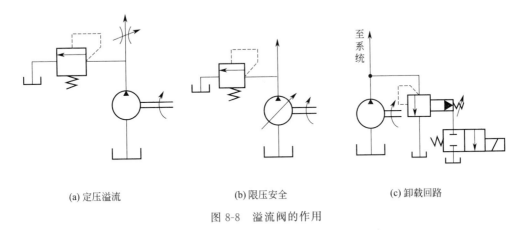

(a) 定压溢流　　　　　　(b) 限压安全　　　　　　(c) 卸载回路

图 8-8　溢流阀的作用

b. 减压阀　减压阀用于降低压力系统中某一回路的压力。它可以使出口压力基本稳定，并且可调，如图 8-9 所示。

c. 压力继电器　压力继电器是利用液体压力来启闭电气触点的液电信号转换元件，用于当系统压力达到压力继电器设定压力时，发出信号，控制电气元件动作，实现系统的工作程序切换。如图 8-10 所示。

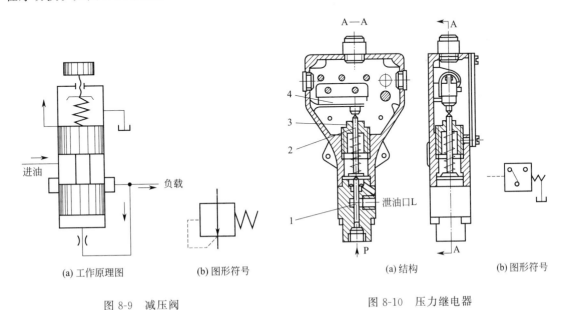

(a) 工作原理图　　　(b) 图形符号

图 8-9　减压阀

(a) 结构　　　　　(b) 图形符号

图 8-10　压力继电器

1—柱塞；2—顶杆；3—调节螺栓；4—微动开关

③ 流量控制阀　在液压系统中用来控制液体流量的阀类统称为流量控制阀，简称流量

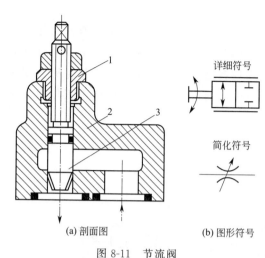

(a) 剖面图　　　(b) 图形符号

图 8-11　节流阀

阀。它是靠改变控制口的大小，调节通过阀的液体流量，以改变执行元件的运动速度。流量控制阀包括节流阀、调速阀和分流集流阀等。图 8-11 所示为节流阀的剖面图和图形符号。

（3）液压缸

液压缸是液压系统的执行元件，是将输入的液压能转换为机械能的能量转换装置，它可以很方便地获得直线往复运动。图 8-12 为液压缸的解剖图和图形符号。

变桨距型风机液压系统中的液压缸有时采用差动连接。所谓差动连接是指把单活塞杆液压缸两腔连接起来，同时通入压力油。由于活塞两侧有效面积 A_1 与 A_2 不相等，便产生推

力差，在此推力差的作用下，活塞杆伸出，此时有杆腔排除的油液 q_1 与泵供油 q 一起流入无杆腔，增加了无杆腔的进油量，提高了无杆腔进油时活塞的运动速度。如图 8-13 所示。

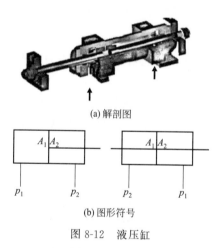

(a) 解剖图

(b) 图形符号

图 8-12　液压缸

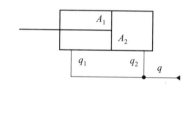

图 8-13　液压缸的差动连接

（4）辅助元件

液压系统中的辅助元件包括油管、管接头、蓄能器、过滤器、油箱、密封件、冷却器、加热器、压力表和压力开关等。

① 蓄能器　在液压系统中，蓄能器用来存储和释放液体的压力能。当系统的压力高于蓄能器内液体的压力时，系统中的液体充进蓄能器中，直到蓄能器内外压力相等；反之当蓄能器内液体压力高于系统压力时，蓄能器内的液体流到系统中去，直到蓄能器内外压力平衡。蓄能器可作为辅助能源和应急能源使用，还可吸收压力脉动，减少液压冲击。如图 8-14 所示。

② 过滤器　液压油中含有杂质是造成液压系统故障的重要原因。因为杂质的存在，会引起相对运动零件的急剧磨损、划伤，破坏配合表面的精度。颗粒过大时，甚至会使阀芯卡死，节流阀节流口以及各阻尼小孔堵塞，造成元件动作失灵，影响液压系统的工作性能，甚至使液压系统不能工作。因此，保持液压油的清洁是液压系统能正常工作的必要条件。过滤器可净化油液中的杂质，控制油液的污染。如图 8-15 所示。

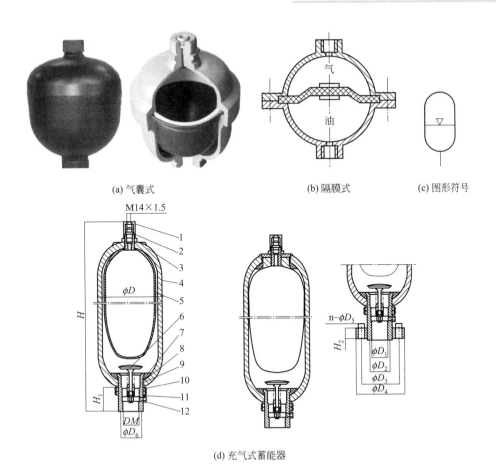

(a) 气囊式　　　　　　(b) 隔膜式　　　　(c) 图形符号

M14×1.5

1—阀防护罩

2—充气阀

3—止动螺母

4—壳体

ϕD

5—胶囊

H

6—菌形阀

7—橡胶托环

8—支承环

9—密封环

10—压环

11—阀体座

H_1

12—螺堵

DM

ϕD_6

n-ϕD_5

H_2

ϕD_1

ϕD_2

ϕD_3

ϕD_4

(d) 充气式蓄能器

图 8-14　蓄能器

1—阀防护罩；2—充气阀；3—止动螺母；4—壳体；5—胶囊；6—菌形阀；
7—橡胶托环；8—支承环；9—密封环；10—压环；11—阀体座；12—螺堵

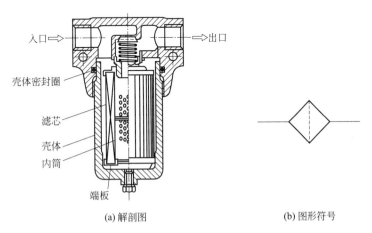

入口⇒　　　　　　⇒出口

壳体密封圈

滤芯

壳体

内筒

端板

(a) 解剖图　　　　　　　　　(b) 图形符号

图 8-15　过滤器

③ 油箱　油箱是液压油的储存器。油箱可分为总体式和分离式两种结构。总体式结构利用设备机体空腔作油箱，散热性不好，维修不方便。分离式结构布置灵活，维修保养方

便，通常用 2.5～5mm 钢板焊接而成。油箱的主要用途：储存必要数量的油液，以满足液压系统正常工作所需要的流量；由于摩擦生热，油温升高，油液可回到油箱中进行冷却，使油液温度控制在适当范围内；可逸出油中空气，清洁油液；油液在循环中还会产生污物，可在油箱中沉淀杂质。图 8-16 为油箱的解剖图和图形符号。

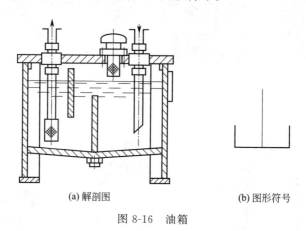

(a) 解剖图   (b) 图形符号

图 8-16   油箱

任务 8.2   液压系统常见故障分析与处理

【任务描述】

风力发电机组的液压系统能控制变桨机构和偏航系统的刹车。读懂液压回路图是必须掌握的技能，从而能够分析和处理液压系统的常见故障。

【任务目标】

① 识读液压回路。
② 了解液压系统在风机中的应用。
③ 会对液压系统常见故障进行分析与处理。

8.2.1   风力发电机液压系统的类型

风机液压系统是一个公共服务系统，它为风力发电机上一切使用液压作为驱动力的装置提供动力。在定桨距风力发电机组中，液压系统的主要任务是驱动风力发电机组的气动刹车和机械刹车；在变桨距风力发电机组中，液压系统主要控制变距机构，实现风力发电机组的转速控制和功率控制，同时也控制机械刹车机构。

（1）定桨距风力发电机组的液压系统

定桨距风力发电机组的液压系统实际上是制动系统的执行机构，主要用来执行风力发电机组的开关机指令。通常它由两个压力保持回路组成，一路通过蓄能器供给叶尖扰流器，另一路通过蓄能器供给机械刹车机构，这两个回路的工作任务是使机组运行时制动机构始终保持压力。当需要停机时，两回路中的常开电磁阀先后失电，叶尖扰流器一路压力油被泄回油箱，叶尖动作；稍后，机械刹车一路压力油进入刹车油缸，驱动刹车夹钳，使叶轮停止转动。在两个回路中各装有两个压力传感器，以指示系统压力，控制液压泵站补油和确定刹车机构的状态。

图 8-17 所示为某定桨距风力发电机组的液压系统。由于偏航机构也引入了液压回路，它由 3 个压力保持回路组成。

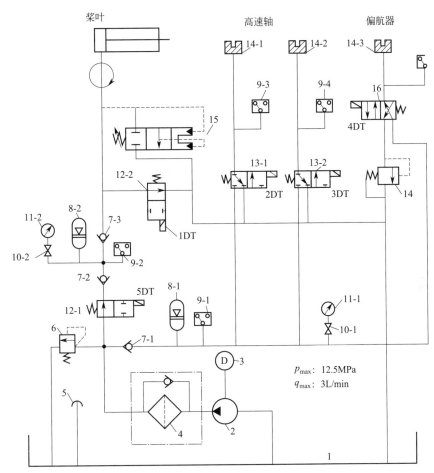

图 8-17　定桨距风力发电机组的液压系统

1—油箱；2—液压泵；3—电动机；4—精滤油器；5—油位指示器；6—溢流阀；

7—单向阀；8—蓄能器；9—压力开关；10—节流阀；11—压力表；

12，13，16—电磁阀；14—制动夹钳；15—突开阀

图中左侧是气动刹车压力保持回路，压力油经油泵 2、滤油器 4 进入系统。溢流阀 6 用来限制系统最高压力。开机时电磁阀 12-1 接通，压力油经单向阀 7-2 进入蓄能器 8-2，并通过单向阀 7-3 和旋转接头进入气动刹车油缸。压力开关由蓄能器的压力控制，当蓄能器压力达到设定值时，开关动作，电磁阀 12-1 关闭。运行时，回路压力主要由蓄能器保持，通过液压油缸上的钢索拉住叶尖扰流器，使之与叶片主体紧密结合。

电磁阀 12-2 为停机阀，用来释放气动刹车油缸的液压油，使叶尖扰流器在离心力作用下滑出；突开阀 15 用于超速保护，当叶轮飞车时，离心力增大，通过活塞的作用，使回路内压力升高；当压力达到一定值时，突开阀开启，压力油泄回油箱。突开阀不受控制系统的指令控制，是独立的安全保护装置。

图中间是两个独立的高速轴制动器回路，通过电磁阀 13-1、13-2 分别控制制动器中压力油的进出，从而控制制动器动作。工作压力由蓄能器 8-1 保持，压力开关 9-1 根据蓄能器的压力控制液压泵电动机的停、启。压力开关 9-3、9-4 用来指示制动器工作状态。

右侧为偏航系统回路，偏航系统有两个工作压力，分别提供偏航时的阻尼和偏航结束时的制动力。工作压力仍由蓄能器 8-1 保持。由于机舱有很大的惯性，调向过程必须确保系统的稳定性，此时偏航制动器用作阻尼器。工作时，4DT 得电，电磁阀 16 左侧接通，回路压力由溢流阀保持，以提供调向系统足够的阻尼；调向结束时，4DT 失电，电磁阀右侧接通，制动压力由蓄能器直接提供。

（2）变桨距风力发电机组的液压系统

变桨距风力发电机组的液压系统与定桨距风力发电机组的液压系统很相似，也由两个压力保持回路组成。一路由蓄能器通过电液比例阀供给叶片变桨距油缸，另一路由蓄能器供给高速轴上的机械刹车机构。图 8-18 所示为某变桨距风力发电机组的液压系统。

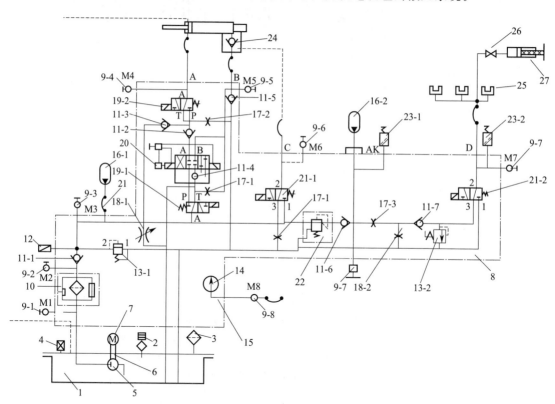

图 8-18 变桨距风力发电机组液压系统

1—油箱；2—油位开关；3—空气滤清器；4—温度传感器；5—液压泵；6—联轴器；7—电动机；
8—主模块；9—压力测试口；10—滤清器；11—单向阀；12—压力传感器；13—溢流阀；
14—压力表；15—压力表接口；16—蓄能器；17—节流阀；18—可调节流阀；19—电磁阀；
20—比例阀；21—电磁阀；22—减压阀；23—压力开关；24—先导型单向阀；
25—制动器；26—球阀；27—手动活塞泵

① 液压泵站 液压泵站的动力源是齿轮泵 5，为变距回路和制动器回路所共用。液压泵安装在油箱油面以下并通过联轴器 6，由油箱上部的电动机 7 驱动。泵的流量变化根据负载

而定。

液压泵由压力传感器 12 的信号控制。当泵停止时，系统由蓄能器 16 保持压力。系统的工作压力设定范围为 13.0～14.5MPa。当压力降至 13.0MPa 以下时，泵启动；在 14.5MPa 时，泵停止。在运行、暂停和停止状态，泵根据压力传感器的信号自动工作，在紧急停机状态，泵将被迅速断路而关闭。

压力油从泵通过高压滤油器 10 和单向阀 11-1 传送到蓄能器 16。滤油器上装有旁通阀和污染指示器，它在旁通阀打开前起作用。阀 11-1 在泵停止时阻止回流。紧跟在滤油器外面，先后有两个压力表连接器（M1 和 M2），它们用于测量泵的压力或滤油器两端的压力降。测量时将各测量点的连接器通过软管与连接器 M8 上的压力表 14 接通。溢流阀 13-1 是防止泵在系统压力超过 14.5MPa 时继续泵油进入系统的安全阀。在蓄能器 16 因外部加热情况下，溢流阀 13-1 会限制气压及油压升高。

节流阀 18-1 用于抑制蓄能器预压力并在系统维修时，释放来自蓄能器 16-1 的压力油。

油箱上装有油位开关 2，以防油溢出或泵在无油情况下运转。

油箱内的油温由装在油池内的 PT100 传感器测得，出线盒装在油箱上部。油温过高时会导致报警，以免在高温下泵的磨损，延长密封的使用寿命。

② 变桨控制　液压变桨距控制机构属于电液伺服系统，变桨距液压执行机构是桨叶通过机械连杆机构与液压缸相连接，节距角的变化同液压缸位移基本成正比。

变桨控制系统的节距控制是通过比例阀来实现的。在图 8-19 中，控制器根据功率或转速信号给出一个 -10～10V 的控制电压，通过比例阀控制器转换成一定范围的电流信号，控制比例阀输出流量的方向和大小。点画线内是带控制放大器的比例阀，设有内部 LVDT 反馈。变距油缸按比例阀输出的方向和流量操纵叶片节距在 -5°～88° 之间运动。为了提高整个变距系统的动态性能，在变距油缸上也设有 LVDT 位置传感器。

在比例阀至油箱的回路上装有 0.1MPa 单向阀 11-4。该单向阀确保比例阀 T-口上总是保持 0.1MPa 压力，避免比例阀阻尼室内的阻尼"消失"，导致该阀不稳定而产生振动。

比例阀上的红色 LED（发光二极管）指示 LVDT 故障。LVDT 输出信号是比例阀上滑阀位置的测量值，控制电压和 LVDT 信号相互间的关系，如图 8-19 所示。

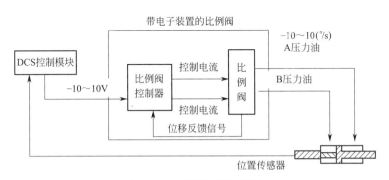

图 8-19　节距控制示意图

变距速度由控制器计算给出，以 0° 为参考中心点。控制电压和变距速率的关系如图 8-20 所示。

③ 液压系统在运转缓停时的工作情况　电磁阀 19-1 和 19-2（紧急顺桨阀）通电后，使比例阀上的 P 口得到来自泵和蓄能器 16-1 的压力。节距油缸的左端（前端）与比例阀的 A

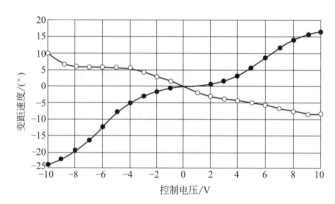

图 8-20　变距速度、位置反馈信号与控制电压的关系

口相连。

电磁阀 21-1 通电后，使先导管路（虚线）增加压力。先导止回阀 24 装在变距油缸后端，靠先导压力打开以允许活塞双向自由流动。

把比例阀 20 通电到"直接"（P-A，B-T）时，压力油即通过单向阀 11-2 和电磁阀 19-2 传送 P-A 到缸筒的前端。活塞向右移动，相应的叶片节距向 -5° 方向调节，油从油缸右端（后端）通过先导止回阀 24 和比例阀（B 口至 T 口）回流到油箱。

把比例阀通电到"跨接"（P-B，A-T）时，压力油通过止回阀传送 P-B 进入油缸后端，活塞向左移动，相应的叶片节距向 +88° 方向调节，油从油缸左端（前端）通过电磁阀 19-2 和单向阀 11-3 回流到压力管路。由于右端活塞面积大于左端活塞面积，使活塞右端压力高于左端压力，从而能使活塞向前移动。

④ 液压系统在停机/紧急停机时的工作情况　停机指令发出后，电磁阀 19-1 和 19-2 断电，油从蓄能器 16-1 通过阀 19-1 和节流阀 17-1 及阀 24 传送到油缸后端。缸筒的前端通过阀 19-2 和节流阀 17-2 排放到油箱，叶片变距到 +88° 机械端点而不受来自比例阀的影响。

电磁阀 21-1 断电时，先导管路压力油排放到油箱；先导止回阀 24 不再保持在双向打开位置，但仍然保持止回阀的作用，只允许压力油流进缸筒，从而使来自风的变桨力不能从油缸左端方向移动活塞，避免向 -5° 的方向调节叶片节距。

在停机状态，液压泵继续自动停/启运转。顺桨由部分来自蓄能器 16-1、部分直接来自泵 5 的压力油来完成。在紧急停机位时，泵很快断开，顺桨只由来自蓄能器 16-1 的压力油来完成。为了防止在紧急停机时，蓄能器内油量不够变距油缸一个行程，紧急顺桨将由来自风的自变桨力完成。油缸右端将由两部分液压油来填补：一部分来自油缸左端通过电磁阀 19-2、节流阀 17-2、单向阀 11-5 和 24 的重复循环油；另一部分来自油箱通过吸油管路及单向阀 11-5 和 24。

紧急顺桨的速度由两个节流阀 17-1 和 17-2 控制并限制到约 9°/s。

⑤ 制动机构　制动系统由泵系统通过减压阀 22 供给压力源。蓄能器 16-2 确保能在蓄能器 16-1 或泵没有压力的情况下也能工作。可调节流阀 18-2 用于抑制蓄能器 16-2 的预充压力或在维修制动系统时，释放来自蓄能器的压力油。

压力开关 23-1 是常闭的，当蓄能器 16-2 上的压力降低于 1.5MPa 时打开报警。压力开关 23-2 用于检查制动压力上升。

溢流阀 13-2 防止制动系统在减压阀 22 误动作或在蓄能器 16-2 受外部加热时压力过高

（2.3MPa）。过高的压力即过高的制动转矩，会造成对传动系统的严重损坏。

液压系统在制动器一侧装有球阀，以便螺杆活塞泵在液压系统不能加压时用于制动风力发电机组。打开球阀，旋上活塞泵，制动卡钳将被加压，单向阀 17-7 阻止回流油向蓄能器 16-2 方向流动。要防止在电磁阀 21-2 通电时加压，制动系统的压力油经电磁阀排回油箱，加不上来自螺杆活塞泵的压力。任何一次使用螺杆泵以后，球阀必须关闭。

a. 运行/暂停/停机　开机指令发出后，电磁阀 21-2 通电，制动卡钳排油到油箱，刹车因此而被释放。暂停期间保持运行时的状态。停机指令发出后，电磁阀 21-2 失电，来自蓄能器 16-2 和减压阀 22 的压力油可通过电磁阀 21-2 的 3 口进入制动器油缸，实现停机时的制动。

b. 紧急停机　电磁阀 21-2 失电，蓄能器 16-2 将压力油通过电磁阀 21-2 进入制动卡钳油缸。制动油缸的速度由节流阀 17-4 控制。

8.2.2　液压系统常见故障及原因分析

（1）液压传动技术的特点

液压系统的基本功能是以液体压力能的形式进行便于控制的能量传递。从能量传递方面看，液压技术大致处于机械式能量传递和电气式能量传递之间位置。液压传动技术有如下特点。

① 可实现大范围的无级调速（调速范围达 2000∶1），即能在很宽的范围内很容易地调节力与转矩。

② 控制性能好，对力、速度、位置等指标能以很高的响应速度正确地进行控制，很容易实现机器的自动化。当采用电液联合控制时，不仅可实现更高程度的自动控制过程，而且可以实现遥控。

③ 体积小，重量轻，运动惯性小，反应速度快，动作可靠，操作性能好。

④ 可自动实现过载保护。一般采用矿物油作为工作介质，相对运动面可自行润滑，使用寿命长。

⑤ 可以方便地根据需要使用液压标准元件灵活地构成实现任意复杂功能的系统。

液压系统也存在一些问题：效率较低，泄漏污染场地，可能引起火灾和爆炸事故；工作性能易受到温度变化的影响，不宜在很高或很低的温度条件下工作；由于液体介质的泄漏及可压缩性影响，不能得到严格的传动比。

（2）液压系统常见故障

① 漏油　漏油是液压系统最为常见，又是最难以彻底解决的故障。这一故障的存在，轻则降低液压技术参数，污染设备环境，重则让液压系统根本不能运行。细分析，泄漏可分为内泄漏和外泄漏两种。内泄漏是指液压元件内部有少量液体从高压腔泄漏到低压腔。内泄漏量越大，元件的发热量就越大，可通过对液压元件进行调试、减少元件磨损量来控制。还可通过对液压元件的改进性维修设计，减少与消除内泄漏。

外泄漏的原因大致有：一是管道接头处有松动或密封圈损坏，应通过拧紧接头或更换密封圈来解决；二是元件的接合面处有外泄漏，主要是由于紧固螺钉预紧力不够及密封环磨坏引起的，这时应增大预紧力或更换密封环；三是轴颈处由于元件壳体内压力高于油封的许用压力或是油封受损而引起外泄漏，可采取把壳体内压力降低或者更换油封来解决；四是动配合处出现外泄漏，例如活塞杆阀杆处由于安装不良、V形密封圈预压力小或者油封受损而出现外泄漏，这时应及时更换油封，调节V形密封圈的预紧力；五是油箱油位计出现外漏油，这种情况是由水漏入油中或油漏入水中造成的，应通过及时检修来解决。

② 液压系统发热　液压系统发热的原因有两类：一是设计不合理，二是系统运行中的油液污染。可以通过手感的方法来检查系统的发热部位。如液压泵、液压马达和溢流阀都是易发热的元件，只要用手抚摸元件壳体，即可发现是否过热。当元件壳体温度上升到65℃时，一般人手就不能忍受。若手能放在元件的壳体上，就表明油温还在系统元件允许的最高温度以下；若不敢碰元件壳体，那就表明油温太高了，应及时采取措施控制油温。在不影响系统工作的情况下，对液压泵、液压马达常可以采用对外壳冷却降温的措施以控制其发热。

③ 振动和噪声　振动和噪声来自两个方面：机械传动部件和液压系统自身。检测人员可用耳听手摸的办法初步判断振动、噪声发生的部位。有条件的可以用仪器监测振动与噪声情况。

液压系统产生振动、噪声的主要根源是液压泵和系统参数的不相匹配。虽然液压执行元件也产生噪声，但它的工作时间总是比液压泵短，其严重性也远不如液压泵。各类控制阀产生的噪声比液压泵也要低。如果发生谐振，往往也是由于系统参数匹配不合理引起的。

液压系统产生的振动、噪声大致有：液压泵的流量脉动噪声、气穴噪声、通风噪声、旋转声、轴承声、壳体振动声；电动机的电磁噪声、旋转噪声、通气噪声、壳体振动声；压力阀、电磁换向阀、流量阀、电液伺服阀等的液流声、气穴声、颤振声、液压冲击声；油箱的回油击液声、吸油气穴声、气体分离声和箱壁振动声；风扇冷却器的振动噪声以及由于压力脉动、液压冲击、旋转部件、往复零件等引起的振动向各处传播引起系统的共振。

当正常运转的液压系统在不发热、不振动、无噪声情况下突然出现执行元件不动作或误动作时，应先从电控系统和风力发电机液压控制阀开始检查。

④ 液压阀失灵　若怀疑有故障的阀是电控（电磁、电液、比例、伺服）阀时，应检查电源、保险和与故障有关的继电器、接触器和各接点、放大器的输入输出信号，彻底排除电控系统故障。

检查电液、液压件的控制油压力，以及比例阀和伺服阀的供油压力，排除电控、液控系统的故障。

任务8.3　风机制动系统的检查与维护

【任务描述】

制动器安装在齿轮箱的高速轴侧，用于紧急情况下的制动和维修时的锁定。

【任务目标】

① 掌握制动器、制动盘的检查维护。
② 掌握油压的测量与油品的更换。

8.3.1　制动器简介

机械制动的工作原理是利用非旋转元件与旋转元件之间的相互摩擦来阻止转动或转动的趋

势。机械制动装置一般由液压系统、执行机构（制动器）、辅助部分（管路、保护配件等）组成。

制动器安装在齿轮箱的高速轴侧，用于紧急情况下的制动和维护时的锁定。对制动器进行任何维护和检修，必须首先使风力发电机停止工作，制动器处于制动状态。如果维护和检修时需要制动器处于非制动状态，在检修前，必须确保风速符合《工作要求》的规定并锁定叶轮锁。在拆装液压系统元件时，必须先使液压系统完全泄压。

（1）制动器在风力发电机组中的安装位置

如图 8-21 所示，制动器安装在齿轮箱的高速端，制动盘安装在齿轮箱的输出轴上。

（2）制动器的作用与原理

制动器是一个液压动作的盘式制动器，用于机械刹车制动。制动器将作用于制动钳上的夹紧力转换成制动力矩施加在制动盘上，使制动盘停止转动或在停机状态下防止松动（停机制动）。按照工作状态，制动器可分为常闭式和常开式。常闭式制动器靠弹簧或重力的作用经常处于紧闸状态，而机构运行时，则使制动器松闸。与此相反，常开式制动器经常处于松闸状态，只有施

图 8-21　制动器安装位置

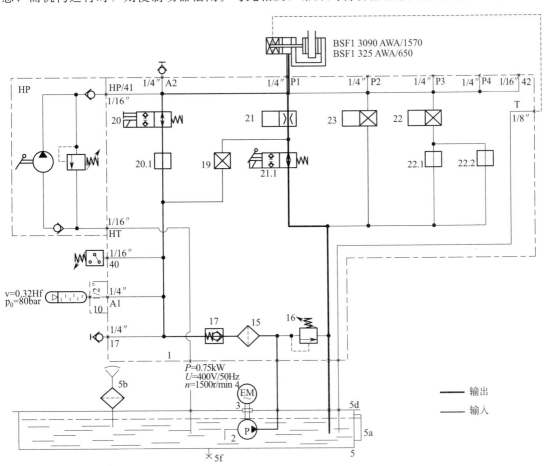

图 8-22　系统原理图

111

加外力时才能使其紧闸。图 8-22 所示为系统原理图，所用制动器为常闭式，具有刹车间隙自动补偿功能。常闭式制动器的工作原理如图 8-23 所示，平时处于紧闸状态，当液压油进入无弹簧腔时制动器松闸。如果将弹簧置于活塞的另一侧，即构成常开式制动器。利用常闭式制动器的制动机构称为被动制动机构，否则，称为主动制动机构。被动制动机构安全性比较好，主动制动机构可以得到较大的制动力矩。

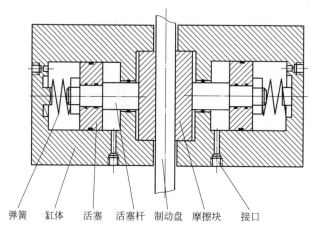

弹簧　缸体　活塞　活塞杆　制动盘　摩擦块　接口

图 8-23　常闭式制动器的工作原理

制动盘

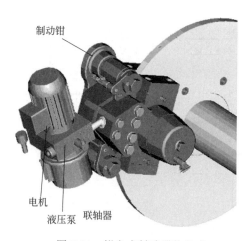

制动钳

电机

液压泵　联轴器

图 8-24　钳盘式制动器的组成

（3）制动器的组成

制动器主要由如下部分组成：制动器液压站、制动钳、制动盘、连接管路，如图 8-24 所示。

液压系统是钳盘式制动器的驱动压力源。液压系统中普遍使用电磁阀，电磁阀便于实现远程集中控制；机械液压制动摩擦片磨损后具有自补偿功能，且制动力调整方便，只要调整制动系统溢流阀的溢流压力即可，所以现代风力发电机普遍采用液压制动系统。液压制动机构的管路连接和密封应具有可靠的密封性能。风力发电机的液压系统是一个集中统一的系统，为风力发电机组上的所有液压设备提供液压动力，这样可以降低成本，简化液压系统，减少占舱面积。

制动盘一般为环状，制动盘的材质应具有足够的强度和韧性，如果采用焊接连接，材质还应具有比较好的可焊性。此外，在机组寿命期内制动盘不应出现疲劳损坏。制动盘的连接、固定必须可靠牢固，表面粗糙度应达到 $Ra3.2\mu m$。

制动钳由制动钳体和制动衬块组成。制动钳体一般采用高强度螺栓连接，用经过计算的足够的力矩固定安装。制动衬块应由专用的摩擦材料制成，一般推荐用铜基或铁基粉末冶金材料制成，铜基粉末冶金材料多用于湿式制动器，而铁基粉末冶金材料多用于干式制动器。

8.3.2   制动器检查与维护

安全提示：

① 对制动器进行任何维护和检修，必须首先使风力发电机停止工作，制动器处于制动状态；

② 如果维护和检修时需要制动器处于非制动状态，在检修前，必须确保风速符合《工作要求》的规定并锁定叶轮锁；

③ 在拆装液压系统元件时，必须先使液压系统完全泄压。

（1）制动器外表检查与维护

① 清洁制动器表面污物。

② 检查制动器表面的防腐涂层是否有脱落现象，如有，及时补上。

③ 检查刹车片上是否沾有油污，如有必须立即更换。

④ 检查制动器和液压泵之间的液压管路、液压泵的各个阀口处是否存在泄漏现象，如有立即处理，特殊问题应立即与制动器厂家的售后服务部门联系。

（2）制动器螺栓检查

① 制动器螺栓抽检要求：

a. 如果螺母不能被旋转或旋转的角度小于 20°，说明预紧力仍在限度以内；

b. 如果螺母旋转角度超过 20°，那么必须把螺母彻底松开，并用 3MXT 液压扳手以规定的力矩值重新把紧。

② 制动器螺栓抽检：

a. 用 3MXT 液压扳手和 60mm 套筒以规定力矩检查如图 8-25 所示制动器安装螺栓（制动器/齿轮箱），抽检力矩值参见附录 2；

b. 检查刹车片保持架螺栓，用 80～400N·m 力矩扳手检查刹车片保持架的 8 个螺栓，如图 8-25 所示，抽检力矩值参见附录 2；

c. 用 200～800N·m 力矩扳手检查图 8-25 中制动器本体上的螺栓，抽检力矩值参照附录 2；

d. 检查辅助定位系统，如图 8-26 所示，辅助定位系统靠近制动器侧螺母端面到相近制动器端面的距离≥22mm。

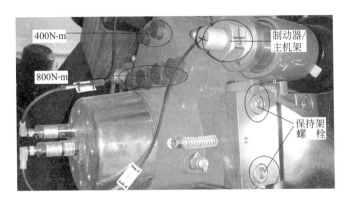

图 8-25   制动器本体螺栓

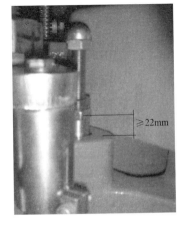

图 8-26   制动器辅助定位系统

（3）制动器间隙检查与调整

锁上叶轮锁，打开制动器，用塞尺检查制动器间隙（图 8-27），每侧间隙必须保证在 1～1.5mm，如间隙不符合要求，重新调整制动器间隙。调整方法如下。

① 图 8-28 为制动器的主定位系统和辅助定位系统，两个螺栓是辅助定位系统（另外一个螺栓在对称于泵体的另外一侧）。要保证两侧间隙相等，可用主定位系统来调节，辅助定位系统在主定位系统失效的情况下，仍可保证定位精度，起到保险作用，确保两侧间隙相等。

图 8-27 用塞尺测制动器间隙

图 8-28 定位系统

② 关闭制动器，调节主定位系统的过程中，必须保证辅助定位系统处于非作用状态，因此要松开辅助定位系统的锁紧螺母，如图 8-29 所示。

③ 松开主定位系统的涨紧螺栓及锁紧螺母，保证滑动部分能自由活动，拧紧主定位系统滑动部分顶端调节螺栓，如图 8-29 所示，保证图 8-30 中箭头所示位置的距离为零。

图 8-29 松开辅助定位系统锁紧螺母

图 8-30 调整主定位系统

④ 使制动器制动 5～10 次，制动间隙保持在 2.0～3.2mm 之间，制动器间隙集中在被动钳一侧（制动器的齿轮箱侧）。

⑤ 制动器处于制动状态，此时用 17N·m 的力矩拧紧主定位系统的涨紧螺栓。旋开主定位系统滑动部分顶端调节螺栓，调整至总间隙的一半（如总间隙是 2.5mm，就向外旋出 1.25mm）。

⑥ 锁紧该调节螺栓的锁紧螺母，打开制动器，检查两侧间隙是否相等，如果不相等，重复步骤④调整过程。

⑦ 制动 3 次，再次检查两侧间隙是否相等。

⑧ 制动器开闸状态，拧紧箭头所指的固定螺母（带垫片），如图 8-31 所示。用手拧紧辅助定位系统靠近制动器侧的螺母，然后在保证该螺母不发生位移的前提下，用两个 17mm 的开口扳手拧紧外侧的锁紧螺母（图 8-32）。

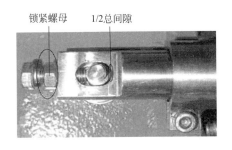

图 8-31　调整主定位系统

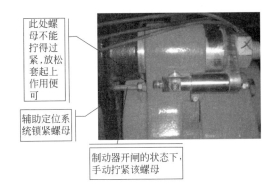

图 8-32　制动器锁紧螺母

（4）检查刹车片厚度

注意：进行此操作前必须锁死叶轮锁。

用游标卡尺检测刹车片厚度，如果其磨损量达到 5mm（剩余钢板层＋摩擦材料层厚度＝27mm），必须对其进行更换。更换步骤如下：

① 拆卸联轴器罩体及制动器尾帽上的两个传感器；

② 利用主机架侧面的制动器操作按钮将制动器打开，将气隙螺栓（M24×50）和垫圈旋入制动器尾帽中心孔（W222.6 传感器安装孔），释放系统压力；

③ 拆卸刹车片保持架（17mm 内六角）后，拆卸刹车片返回弹簧和螺栓，如图 8-33 所示，滑出刹车片；

重要提示：无论在任何情况下，当系统加压时都不允许将手指放于制动盘与刹车片之间。

④ 安装新刹车片、刹车片保持架，拧紧螺栓；

⑤ 安装返回弹簧和螺栓；

⑥ 用制动器操作按钮给制动器加压，将尾帽后部的螺栓卸掉，重新安装传感器；

⑦ 重新调整制动器间隙至要求值。

图 8-33　返回弹簧

图 8-34　百分表测量刹车盘盘面变形量

（5）制动盘检查

① 检查制动盘表面是否有裂痕、毛刺、损伤等现象；

② 检查制动盘表面是否有油污、锈迹；

③ 如图 8-34 所示，用百分表检查制动盘是否变形（端面跳动允许极限为 0.3mm）。

（6）油位和油压检查

① 油位检查

a. 每次巡检时注意如图 8-35 所示，箭头指向的泄油管中是否有黑色的油液。若发现有黑色的油液，则说明制动器内的密封件已经出现泄漏，<u>应立即更换制动器</u>。

b. 通过指示器检查液压泵站油位是否正常（1/2＜指示器液面＜2/3）。

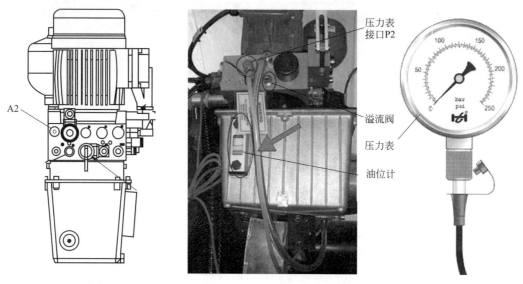

图 8-35　制动器图　　　　　　图 8-36　液压泵站和压力表

② 测量阀体压力值　用压力表检测制动泵启动压力、停止压力、溢流阀溢流压力，操作过程如下：

a. 制动器制动状态下，在图 8-35 所示的 A2 阀口处安装一带软管的可调节流阀，软管另一端伸到制动器油箱内；

b. 用测试点软管将压力表连接到如图 8-36 所示的压力表接口 P2 处；

c. 自动模式下打开制动器，观察制动泵自动停止时压力值是否等于压力开关设定值（压力开关设定值为 16MPa，压力开关的滞后点约为 10％的设置压力）；

d. 打开阀 A2 处连接的节流阀，流量控制在很小的范围内，进行缓慢释压，观察液压泵站电机自动启动时的压力值是否与压力开关设定值相同（压力开关设定值为 13MPa，压力开关的滞后点约为 10％设置压力）；

e. 检查完毕，恢复线路；

f. 将自动-手动开关打到手动挡，按住"制动器开"按钮；

g. 观察表盘指示压力值，当听到明显的卸荷声音时即溢流阀动作，读出此时压力值，并与设定值比较（溢流阀设定值 19MPa，允许偏差±1MPa），判断溢流阀是否正常，如果设定压力值错误，须重新调节溢流压力。

注意：整个制动系统所能承受的压力值为 21MPa。在测定溢流阀压力时，观察压力表读数不能超过 21MPa，以免破坏系统。

③ 溢流阀设置　一般情况下液压系统溢流阀在制造厂已预先设置到正确的压力/设定值（此处设定值为 19MPa）。

如果前面检测发现溢流压力设定存在问题，可以取下防动盖，松开锁紧螺母并逆时针转动（旋出）以降低最大压力设定值，顺时针转动（旋入）可升高最大压力（图 8-37）。完成后要重新拧紧锁紧螺母。

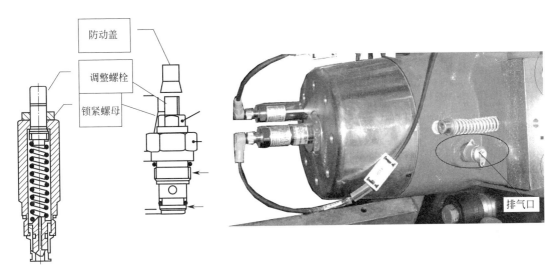

图 8-37　溢流阀调整　　　　　　　　图 8-38　制动器排气口

注意：如果溢流阀防动盖破裂或遗失，泵站将失去制动器公司的质保。

④ 油品更换（每 2 年进行一次）

a. 切断液压泵站的所有电源，释放系统内的所有内部油压（切断电源后系统自动泄压）。

b. 松开油箱侧面的放油口螺栓。

c. 将全部油液排入空容器内，用干净的液压油对油箱进行冲洗。

d. 重新装上放油口处螺栓并拧紧。

e. 重新注入指定型号的液压油，油位应达到油箱侧壁观察窗的上油位标志。

f. 重新接通电源，启动泵。让泵站运行 10 个循环（升压/降压）。

g. 系统升压时对制动器排气。按下急停按钮，关闭制动器；将测试点软管一端拧在如图 8-38 所标注的排气口处，另一端置于油箱内；将风机设置到手动模式，通过"制动器开"和"制动器关"按钮，开关制动器几个回合，对系统进行排气。

安全提示：操作过程中软管任意一头勿对准他人。

（7）电气元件连接检查

检查制动器尾部传感器、液压泵电磁阀等电气元件的连接是否良好，压力开关设定值 13/16MPa，如图 8-39 所示。设定方法如下：

a. 压力开关装有防护罩以保护压力开关，拔下电气插头和防护罩；

b. 解开锁定环；

c. 修改设定值和复位值；

d. 锁定锁定环；

e. 重新安装保护罩；

f. 重新安装电气插头。

8.3.3 更换滤油器

① 将液压泵站的所有电源切断并释放系统内的所有内部油压。

② 滤油器位于滤油器壳体内，如图 8-39 所示。

③ 用开口扳手逆时针转动滤油器壳体，直到将其从滤油器阀站上拆下。

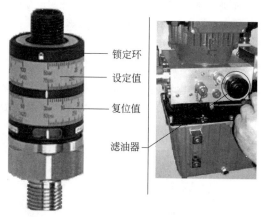

图 8-39　压力开关和滤油器

④ 拆下滤油器并清洁滤油器壳体内侧和腔体，插入新的滤油器，注意方向要正确。

⑤ 清洁 O 形环，必要时更换 O 形环。

⑥ 重新装上滤油器壳体。

8.3.4 蓄能器的维护

(1) 蓄能器检查

蓄能器的检查必须配备相关的专用工具，方可进行操作。

① 将液压泵站的所有电源切断，并释放系统内的所有内部油压。测量气体压力时油压必须为零，测量结果才正确。对液压泵站工作时，推荐安装两个压力计，用于测量蓄能器压力和制动器压力。将蓄能器顶上的螺帽拧下，如图 8-40(a) 所示。

② 用 6mm 内六角扳手逆时针转动螺塞（1/4 圈），即可松开螺钉而不损失气体。

③ 安装气压计并关闭侧面阀门。

④ 打开顶部阀门，测量气体压力并重新关闭顶部阀门，如图 8-40(b) 所示。

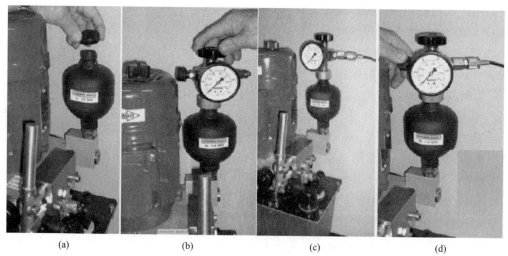

(a)　　　　　　　(b)　　　　　　　(c)　　　　　　　(d)

图 8-40　蓄能器测压和充氮示意图

⑤ 如果气体压力达不到要求值（设定值 10MPa，误差允许±0.3MPa），必须对蓄能器重新充气。

⑥ 如果压力值正常，则用 6mm 内六角扳手把紧螺塞，装上螺纹端盖。

（2）蓄能器重新充气

注意：蓄能器内部气体为氮气。

① 在气压阀和气罐之间安装一根充气软管（蓄能器充气工具包有气压计和充气管路），如图 8-40（c）所示。

② 打开气罐阀门和顶部阀门，将气体充入蓄能器，关闭气罐阀门并等待几分钟，使新充的气体温度降低到与蓄能器温度相同，测量气压，如果压力过低再充入更多气体。

③ 如果气压过高，打开侧面阀门释放气体，如图 8-40（d）所示，达到正常的气体压力时关闭顶部阀门。

④ 打开侧面阀门，将压力全部释放并拆下气压计。

⑤ 用 6mm 内六角扳手把紧螺塞，用手装上螺纹端盖。

注意：所有的管路都不允许弄脏或损坏。

项目9

发电机的定检

任务 9.1　发电机的检查与维护

【任务描述】

目前，风力发电机广泛采用感应发电机、双馈（交流励磁）发电机和同步发电机，直流风力发电机已经很少应用。发电机安装在机舱的中后部，在齿轮箱后面，本任务分析发电机的日常检查项目有哪些。

【任务目标】

① 了解风力发电机的结构及工作原理。

② 了解发电机的定检项目及操作步骤。

发电机制造行业在我国是一个发展十分成熟的装备制造行业，目前我国已经能够独立地制造小到直径只有几毫米的微型发电机和大到直径十几米、功率达到上百万千瓦的超临界发电机组。并网型风力发电机组的功率从几百千瓦到几千千瓦，在发电机的大家族中仅处于中间位置。因此，从加工能力来讲，生产风力发电机组的发电机不存在任何问题。但是，长期以来，对可再生能源利用问题的认识不足，急待提高，一方面通过引进技术、合作生产，消化吸收先进技术；一方面组织科研、生产企业进行科技攻关，开发出具有自主知识产权的风力发电机生产技术。目前，我国电机行业已经具备了大批量生产风力发电机组常用发电机机型的生产能力，可以满足风力发电机组生产企业的配套需要。

目前，风力发电机广泛采用感应发电机、双馈（交流励磁）发电机和同步发电机，直流风力发电机已经很少应用。发电机的选型与风力机类型以及控制系统的控制方式直接相关。当采用定桨距风力机和恒速恒频控制方式时，应选用感应发电机。为了提高风电转换效率，感应发电机常采用双速型，可以采用双绕组双速型，但更多采用单绕组双速型。采用变桨距风力机时，应采用笼型感应发电机或双馈感应发电机。采用变速恒频控制时，应选用双馈感应发电机或同步发电机。同步发电机中，一般采用永磁同步发电机，为了降低控制成本，提高系统的控制性能，也可采用混合励磁（既有电励磁，又有永磁）的同步发电机。对于直驱式风力发电机组，一般采用低速（多极）永磁同步发电机。

9.1.1　发电机的结构及工作原理

　　发电机是将其他形式的能源转换成电能的机械设备，它由动力机械驱动。发电机的功能是将水流、气流、燃料燃烧或原子核裂变产生的能量，由机械能转换为电能。发电机在工农业生产、国防、科技及日常生活中有广泛的用途。

　　发电机的种类很多，其工作原理都是基于电磁感应定律、电磁学及力学定律。其构造原理是：用适当的导磁和导电材料构成互相进行电磁感应的磁路和电路，以产生电磁功率，达到能量转换的目的。发电机通常由定子、转子、外壳（机座）、端盖及轴承等部件构成。

　　定子由定子铁芯、定子绕组、机座、接线盒以及固定这些部件的其他结构件组成。转子由转子轴、转子铁芯（或磁极、磁轭）、转子绕组、护环、中心环、集电环及风扇等部件组成。轴承及端盖将发电机的定子、转子连接组装起来，使转子能在定子中旋转，做切割磁力线的运动，从而产生感应电动势，通过接线端子引出，接在回路中，便产生了交流电流。直流发电机实质上是带有换向器的交流发电机。

　　从电磁情况分析，一台直流电机原则上既可作为电动机运行，也可以作为发电机运行，只是约束的条件不同而已。在直流电机的两电刷端加上直流电压，将电能输入电枢绕组中，机械能从电机轴上输出，拖动生产机械，将电能转换成机械能时，称为电动机。如果用动力机械拖动直流电机的电枢绕组，而电刷上不加直流电压，则电刷端可以引出直流电动势作为直流电源输出电能，电机将机械能转换成电能时，称为发电机。同一台直流电机，既能作电动机又能作发电机运行的这种原理，在电机理论中称为可逆原理。利用电机的可逆原理，在风力发电机总装调试时，将发电机接成电动机驱动传动系统进行台架调试。风力发电机的分类如图9-1所示。

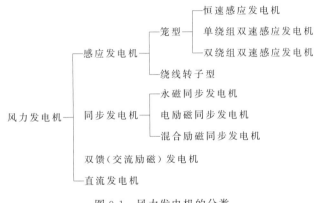

图 9-1　风力发电机的分类

9.1.2　风力发电用发电机的特殊性

（1）风的随机性

风力发电用发电机必须面对的首要问题就是风的随机性。这种特殊性体现在以下几方面。

① 普通发电机都必须稳定地运行在同步转速（同步发电机）或同步转速附近（异步发电机）。以常规能源作为驱动力的水轮机和蒸汽轮机，将转速调节到发电机要求的同步转速，现代技术很容易实现。由于风速是时刻变化的，因此风力发电机组风轮的转速也是瞬时变化的。要想使风轮的转速稳定在同步转速附近比较困难，除在发电机本身设计上采取一些措施外，还需要在发电机的运行控制上采取相应的措施。

② 由于风力发电机组风轮的转速随风速瞬时变化，发电机的输出功率也随之波动，而且幅值较大，而普通发电机经常处于额定或相对稳定的状态下运行。当风速过大时，发电机将会过载，所以风力发电用发电机在设计时对其过热、过载能力以及机械结构等方面与普通的发电机大不相同，其过载能力及时间应远大于普通的发电机，同时其导线要有足够的载流量和过电流能力，以免出现引出线熔断事故。

③ 由于风速具有不可控性，风力发电机组多数时间运行于额定功率以下，发电机经常在半载或轻载下运行。为保证定桨距失速调节发电机在额定功率以下运行时具有较高的效率，并改善发电机的性能，应尽量使风力发电机的效率曲线比较平缓。但是，由于发电机的效率曲线一般在20%左右的额定负荷下下降较大，因而异步风力发电机多采用变极（双速）结构，发电机出力在大发电机额定功率的20%左右时切换为小发电机运行，大大改善了20%额定负荷以下发电机的运行效率。这样不仅增大了风力发电机组的年发电量，还有效地减少了发电机发热问题。

④ 由于风速的不确定性，当风速太低或机组发生故障时，发电机的输出必须脱离电网。而风力发电机组脱网相当于发电机甩负荷，发电机甩负荷后转速上升极易出现"飞车"现象，造成发电机机械和电气结构的损坏。因为风力发电机组的脱、并网操作比较频繁，必须依靠超速保护系统使风力发电机组停机。如果超速保护系统发生故障，由于发电机被封闭的外壳罩住，不易观察，风力发电机组重新投入运行可能使发电机损坏或恶化，而且损坏后难以修复，因此，要求在设计时应保证风力发电机转子的飞逸转速为1.8~2倍的额定转速，而一般异步电动机的飞逸转速仅为额定转速的1.2倍。

（2）工作环境的特殊性

这种特殊性主要体现在以下几方面。

① 一般发电机多处于宽敞的空间运行，散热条件较好，进行水冷却也比较方便。而风力发电机组位于室外高空，在较小且封闭的机舱内工作，由于通风条件较差，机舱内产生和积聚的热量不易较快而通畅地散发出来。太阳直晒机舱，会使机舱内的空气温度更高，也使发电机工作环境变得更加恶劣。若机舱内温度过高，会使发电机组工作时产生的热量难以散出，造成其输出功率下降、机组过热。虽然发电机采用强制风冷却，但只能靠发电机的外壳散热，因此风力发电机组的散热条件比一般情况下使用的发电机条件要差得多，这就要求发电机具有耐较高温度的绝缘等级，一般风力发电机选用F级的绝缘材料。

② 一般发电机都安装在稳固的基础之上且运转平稳，而风力发电机组的发电机工作在

高空不断运动的机舱之中，运转在具有较强振动环境下。产生振动的原因有以下几个方面：

a. 风力发电机正常运行时始终要找主风向，经常偏航，机舱本身就是活动的部件；

b. 在风压的作用下，机舱有可能会朝各个方向摆动；

c. 风轮每旋转一圈会产生三次脉动，也会导致发电机的振动；

d. 主传动系统和偏航系统都是运动的部件，运动的部件之间必须有间隙，这些间隙会将局部振动扩展放大；

e. 风力发电机组的各个部件相互之间可能产生共振而进一步使局部振动扩展放大。

③ 一般发电机都安装在室内，并具备恒温恒湿和防尘条件。风力发电机组机舱内由于通风散热的需要不可能完全密封，潮湿和空气污染物（粉尘、灰尘、腐蚀性气体等）是引起发电机故障的最常见因素。粉尘、灰尘和其他空气污染物的积累会引起绝缘层的性能变坏，不仅容易形成对地的导电通路，还会使转子轴承部分的摩擦力增大而发热。各种湿气极易在发电机内形成对地的漏电通路，引起发电机故障。

(3) 风力发电用发电机的选型

① 笼型异步发电机 离网型风力发电机普遍使用同步发电机，到生产大型并网风力发电机时，开始使用增速齿轮箱的恒速型笼型异步发电机。笼型异步发电机结构简单、维护方便、价格便宜、容易并网。采用齿轮箱提高风轮机的转速，配合体轻价廉的高速笼型发电机，经济合理，具有比较高的性价比。由于技术简单，经济性好，我国早期建成运行中的大型风电场，绝大多数采用这一机型。恒速型笼型异步发电机也存在如下问题：

a. 恒速型风力发电机组在不同的风速下难以获得合适的叶尖速比，导致获取风能的效率降低；

b. 齿轮箱在风况和环境变化中承受变载荷冲击，温差悬殊，工况恶劣，维修保养的成本很高，成为风力发电机组中的薄弱环节；

c. 笼型发电机的效率不高，转差功率无法利用，转差率稍高就严重发热；

d. 笼型发电机必须从电网中吸收励磁功率（无功功率），功率因数低，导致电网网损增大。

针对恒速型笼型发电机的缺点，开始采用变速双馈型风力发电机的技术方案。变速双馈型风力发电机，同样属于异步发电机。变速双馈型风力发电机与恒速型笼型发电机相同的是，发电机定子都直接并网，能将大部分电能输入电网，同时从电网吸收励磁功率。它们不同的是，随着风轮转速的变化，双馈型发电机转子绕组能将转子所产生的转差功率，通过变流器转化为工频电流，回输到电网；同时，这部分工频电流也可以调节功率因数，从而使机组的总功率因数得到改善。目前变速双馈型风力发电机组产品被广泛采用。

感应发电机要求转子表面到定子的距离（即气隙）非常小，这是由于所有的励磁都是由定子提供的，只有这样才能确保有足够的气隙磁通密度。而大直径发电机的小气隙加工工艺目前还是一个未能攻克的技术难题，这就是异步发电机只能工作在高速工况下的根本原因。

② 双馈型发电机 它应用于风力发电中，可以解决风力发电机转速不可调、机组效率低等问题。另外，由于双馈型发电机对无功功率、有功功率均可调，对电网可起到稳压、稳频的作用，提高了发电质量。与同步发电机变流器相比，具有变流器容量小（一般为发电机额定容量的 25%）、重量轻的优点，更适合于风力发电机组使用，同时也降低了造价。但当风力发生变化，发电机组突然切除时，会对电网造成较大的冲击。另外，有电刷双馈型发电机存在集电环和变速箱的问题，运行可靠性差，需要经常维护，其维护保养费用远高于无齿

轮箱变速永磁同步风力发电机，因此不适合运行在环境比较恶劣的海上风力发电系统中。

③ 永磁直驱型发电机　目前，国内外兆瓦级以上技术较先进的、有发展前景的风力发电机组主要是采用变速双馈型风力发电机组和无齿轮箱永磁直驱型风力发电机组，两者综合比较各有优劣。单从控制系统本身来讲，永磁直驱型同步发电机组控制电路少，控制简单，但要求变流器容量大。而双馈型风力发电机组控制电路多，控制系统复杂些，但变流器容量小、控制灵活，可实现对有功、无功的控制。双馈型风力发电机组与永磁直驱型风力发电机组的综合比较，见表 9-1。

表 9-1　双馈型风力发电机组与永磁直驱风力发电机组的综合比较

比较项目	双馈型风力发电机组	永磁直驱型同步发电机组
发电机造价	低	高
发电机尺寸	小	大
发电机重量	轻	重
发电机集电环	需每半年更换电刷，两年更换集电环	无电刷、集电环
发电机电缆的电磁释放	有，需要屏蔽线	无电磁释放
塔架内电机工作电流类型	高频非正弦波，具有较大谐波分量，必须使用屏蔽电缆	—
变流单元	IGBT，单管额定电流小，技术难度小	IGBT，单管额定电流大，技术难度大
变流容量	仅需要全功率的 1/4	全功率逆变
变流系统稳定性	中	高
电网电压突然降低的影响	发电机端电流迅速升高，发电机转矩迅速增大	电流维持稳定，转矩保持不变
谐波畸变	难以控制，因为要随着发电机转速的变化进行变频	容易控制，因为谐波频率稳定
可承受瞬间电压范围	±10%	−85%～+10%
50Hz/60Hz 之间的配置变化	变流滤波参数要调整，齿轮箱要改变传动比	变流滤波参数要调整
电压变化率	电压变化率高时需要进行电压调节	无高电压变化
电控单元价格	中	高
电控单元维护成本	较高	低
电控单元体积	中	大
电控单元平均效率	较高	高

9.1.3　风力发电用发电机

（1）笼型异步发电机

① 异步发电机的工作原理　异步发电机的特点是转子旋转磁场与定子旋转磁场不同步，因此称为异步发电机。异步发电机是一种利用定子与转子间气隙旋转磁场与转子绕组中感生电流相互作用的交流发电机，又称为"感应发电机"，其功能是可逆的。其转子的转向和旋转磁场的转向相同，当转速略高于旋转磁场的同步转速时，工作于发电状态，常用于风力发电。当其转速低于旋转磁场的同步转速时，工作于电动机状态。

随着电力系统输电电压的提高，线路的延长，当线路的传输功率低于自然功率时，线路和风力发电机组将出现持续的工频过电压。为改善电力系统的运行特性，人们开始研究异步发电机在电力系统中的应用问题，并认为电力系统采用异步发电机后，可提高系统的稳定性、可靠性和运行的经济性。

早期并网型风力发电机基本上都选用感应异步发电机。异步发电机的定子绕组接交流电网，转速被电网频率强制同步，转子绕组不需要与其他电源连接，具有结构简单，制造、使用和维护方便，运行可靠，质量较小，成本较低等优点。

笼型转子异步发电机的结构简单，安装牢固，特别适合于高转速、无集电环和电刷、可靠性高、不受使用场所限制等工作环境下。由于转子不需要单独励磁，也不需要同步及电压调节装置，从而使设备简化。由于负荷控制十分简单，多数情况下可以使风力发电机全速运行，或在改变叶片桨距角的情况下在一定转速范围内变速运行。尽管异步发电机可能出现功率摇摆现象，但没有同步发电机类似的振荡和失步问题，因而并网操作十分简便。

异步发电机是电网的无功负载，异步发电机本身不能提供励磁电流，必须从电网吸取无功励磁功率以建立磁场，使电网的功率因数变坏。所以感应异步发电机组必须采用电容补偿器供给发电机的无功功率。为了减少电容补偿器的容量，降低风力发电机组电控设备的造价和体积，应努力提高风力发电机的功率因数。虽然异步发电机不能提供自身和负载所需的无功功率，可能是一个缺陷，但是当恰当使用时，它可作为电网无功优化的一种手段，并将会对风电场和电网带来明显的技术经济效益。

② 异步发电机的经济性

a. 结构简单、成本低　使用异步发电机的风力发电机，由于没有集电环、电刷、转子励磁绕组和同步装置，结构简单，成本低，维护及运行费用低，风电场投资费用低。

b. 相同的冷却条件出力大　异步发电机转子为隐极，用铸造鼠笼替代转子绕组，一般效率高于同功率同转速的同步发电机。在相同的冷却条件下，采用异步发电机可多发电。

c. 需要无功补偿　异步发电机的部分经济性优势会由于异步发电机所需励磁无功补偿被部分抵消。

d. 不适宜低速工作　异步发电机所需励磁无功补偿的大小与发电机的额定转速成反比（即与发电机的极对数成正比），转速越高，励磁标幺值越低，所以异步发电机不适宜在低速状态下工作。

e. 体积小　异步发电机的体积小，在机舱内所占面积比同步发电机小。

③ 风力发电机组感应异步发电机的结构特点　并网型风力发电机组中发电机是非常重要的关键部件。风速的变化使发电机处于交变载荷中，瞬时超速引起的过载荷，以及频繁地脱、并网操作，均会对发电机造成剧烈冲击，无法避免的机组振动，同样使风电机组中的发电机工作在十分恶劣的环境条件下。为了应对上述情况，风力用发电机在设计时就在结构上采取了以下措施，以提高发电机的性能：

a. 为提高效率，采用单速或双速电机结构，以改善轻载时风力发电机的性能；

b. 为减少发电机的温升，定、转子硅钢片的性能比普通异步发电机的硅钢片性能提高1～2个等级，定子线圈具有较高的槽满率，一般为70%以上；

c. 为保证发电机绕组可靠地抵御机械和电气的冲击及振动而不致破坏，定子线圈采用成形线圈，发电机绕组端部需要特殊方法捆绑固定，使其更加结实、更加牢固，只有发电机线圈及引线绑扎牢固，才能保证其有足够的动态稳定性；

d. 为了应对风力发电机的短时过载及频繁启停，需要保证绕组引线不致烧断或变形，可适当加大绕组到发电机接线端子的引线截面积；

125

e. 为了使发电机具有较高的效率及较高的功率因数，绕组可以采用多线并绕；

f. 为了提高发电机的效率，转子笼条采用铜材浇铸以减小转子损耗；

g. 为了使发电机外壳的外形有利于散热，空气冷却时采用铸造型式的带有散热翅的外壳，水冷却时采用焊接型式的带有散热管的外壳；

h. 为了减小发电机的振动，其与机舱底盘连接时应使用柔性连接；

i. 为了防止发电机飞车，在发电机轴伸端可增设安全离合器；

j. 为了利于发电机的散热，在机舱设置防尘、防潮湿的通风道或通风罩以利于发电机的防尘、通风、散热、降温；

k. 根据风电机组发电机的轴承需要承受比普通发电机更大的冲击和振动载荷，并要求发电机轴承的寿命不少于 20 年，且在高空的机舱中更换轴承十分不方便的工作特点，目前普遍采用重型汽车专用的宽系列轴承，能适应极端恶劣的环境条件并可靠地使用。

风电机组发电机轴承采用双列圆柱滚子轴承和双列深沟球轴承两种型式。通过对这两种轴承的结构设计、加工工艺方法的改进、生产过程清洁度的控制及相关组件的优选来降低轴承振动时产生的噪声，使轴承具有良好的低噪声性能。

④ 水冷式交流发电机的特点

a. 水冷式交流发电机具有良好的低速发电特性。在交流发电机的电流特性曲线上有一个"拐点"，即超过所谓"OA 速度"之后才会有电流产生，电流上升到一定程度才能发电。在哪个转速以上出现"拐点"和达到可发电电流与励磁电流的大小相关。由于水冷式交流发电机大幅度抑制了定子、转子及调节器的温升，可以相应提高励磁电流，励磁电流越大，输出电压也越高，因此当水冷式交流发电机低速转动时也会有良好的发电表现，这种低速发电性能对风力发电机相当重要。

b. 水冷式交流发电机具有低噪声。由于省去风扇，所以不存在发电机风扇发出的噪声。一般在 3500r/min 时，水冷式交流发电机与风冷式交流发电机相比，其噪声要低 15dB。

交流发电机主要的发热部位是定子，水冷式交流发电机重点冷却部分就是定子线圈。发电机的前端盖和后端盖用铝材制造，开有水道槽。定子及线圈绕组用合成树脂固定密封，定子与转子之间由铝质围板与水道槽隔离。水道与进水管和出水管连通，进水管和出水管分别与发电机冷却水系统连通。当发电机运转时，冷却水在水泵的带动下循环流动，通过发电机壳体，可以有效地冷却定子线圈绕组、定子铁芯，同时也冷却转子、内藏式调节器和轴承等其他发热零部件。

（2）双馈型异步发电机

交流励磁发电机又被称为双馈型发电机，双馈型异步发电机实际是异步感应发电机的一种改进。它由绕线转子异步发电机和在转子电路上所带交流励磁器组成。同步转速之下，转子励磁输入功率，定子侧输出功率；同步转速之上，转子和定子均输出功率，所以称之为双馈运行。

风力发电机组使用双馈型异步发电机的运行方式为变速恒频，变速是为了适应风速的不确定性，恒频是为了满足并网的需要。必须要通过变流装置与电网频率保持同步才能并网，但可以补偿电网中的功率因数。采用变流器的双馈型发电机组将有更宽的调速范围，比全功率变流器更为经济，这是促使双馈系统得到广泛应用的原因。

双馈机组发电机的结构复杂，双馈电机使用集电环和电刷，效率较低，维护工作量较大，比其他结构更容易受到电网故障的影响。必须采用双向变流器，即四象限双 PWM 背靠背变频器，由两套 IGBT 变流器构成，价格是同容量单象限变频器的 2 倍。

变桨距变速恒频双馈型风电机组是由风轮通过增速齿轮箱驱动发电机，这在无法生产大功率低速永磁发电机的时期，是大型风力发电机组的主流机型。相比直驱型风电机组，其噪声和故障率较高，传动效率稍低，成本较高，但是其在技术上是比较成熟的。目前国内生产的机型仍以变桨距变速恒频双馈型机组为主。

双馈型发电机转子采用通过变流器进行交流励磁，使其具有灵活的运行方式，在解决风力发电机持续工频过电压、变速恒频发电、风力发电机组的调速等问题方面有着传统同步发电机无法比拟的优越性。双馈型发电机主要的运行方式有以下三种：

a. 运行于变速恒频方式；

b. 运行于无功大范围调节的方式；

c. 运行于发电电动方式。

① 双馈型异步发电机的工作特性　双馈型发电机的定子接入电网时，通过 PWM（脉宽调制）AC-DC-AC 变频器向发电机的转子绕组提供低频励磁电流。为了获得较好的输出电压和电流波形，输出频率一般不超过输入频率的 1/3。其容量一般不超过发电机额定功率的30%，通常只需配置一台 1/4 功率的变频器。其原理图如图 9-2 所示。

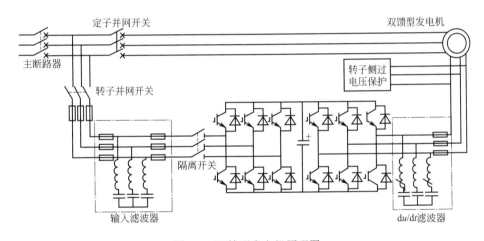

图 9-2　双馈型发电机原理图

通过变流器控制器对逆变电路中功率器件的控制，可以改变双馈型发电机转子励磁电流的幅值、频率及相位。通过改变励磁频率，可调节转速。这样在负荷突然变化时，迅速改变发电机的转速，充分利用转子的动能释放和吸收负荷，对电网的扰动远比常规发电机要小。通过调节转子励磁电流的幅值和相位，可达到调节有功功率和无功功率的目的。当转子电流的相位改变时，由转子电流产生的转子磁场在气隙空间的位置就产生一个位移，改变了双馈型发电机电动势与电网电压向量的相对位置，也就改变了发电机的功率角。当发电机吸收电网的无功功率时，往往功率角变大，使发电机的稳定性下降。而双馈型发电机却可以通过调节励磁电流的相位，减小机组的功率角，使机组运行的稳定性提高，从而可更多地吸收无功功率，克服由于夜间负荷下降造成电网电压过高的问题。

风力发电机组最佳工况时的转速应由其气动曲线及电网的功率指令综合得出。也就是说，风力发电机组的转速随风速及负荷的变化应及时做出相应的调整，依靠转子动能的变化吸收或释放功率，减少对电网的扰动，这样既提高了机组的效率，又对电网起到稳频、稳压的作用。

一般异步发电机正常运行时的转速高于同步转速，其输出功率的大小与转子转差率的大小有关。适当增大发电机的额定转差率，可以减小输出功率的波动幅度，但是增大转差率会增加发电机的损耗，降低发电机的效率。同时，发电机的转速还受发电机温度的影响，应综合考虑以上多方面因素制定合适的转差率。由于双馈型发电机的转子通过变流器进行交流励磁，通过对变流器的控制，可以很方便地对发电机转差率进行调节。调节转差率在±10％范围内变化，就可以使双馈型发电机的转速在额定转速±30％范围内变化，从而使风轮的转速范围扩大，即双馈型发电机组可以在较大风速范围内实现变速运行。

② 双馈型异步发电机的结构特点

a. 双馈型发电机在结构上采用绕线转子，转子绕组电流由集电环导入，定子、转子均为三相对称绕组，这种带集电环的双馈型发电机被称之为有电刷双馈型发电机。

b. 双馈型发电机仍然是异步发电机，除了转子绕组与普通异步发电机的笼型结构不同外，其他部分的结构完全相同。因此双馈型异步发电机适用于较高转速，通常为 4 极或 6 极，工作转速为 1500r/min、1000r/min，风轮经多级增速齿轮箱提速后驱动双馈型交流发电机。

c. 双馈型异步发电机定子通过断路器与电网连接，绕线转子通过四象限变频器与电网相连，变频器对转子交流励磁进行调节，保证定子侧同电网恒频恒压输出。

d. 通过在双馈型异步发电机与电网间加入变流器，发电机转速就可以与电网频率解耦，并允许风轮速度有变化，也能控制发电机气隙转矩。变转速风轮的转速随风速变化，可以使风轮保持在最佳效率状态下运行，获取更多的能量，并减小因阵风引起的载荷。

e. 双馈型异步发电机组全部采用变桨距控制的风轮。变桨距控制可以有效地调节风轮转速及其吸收的功率。变桨距控制配合变流器对发电机的转差率控制，使双馈型异步发电机组有更宽的调速范围。

(3) 永磁直驱型同步发电机

① 同步发电机的工作原理　离网型风力发电机普遍使用同步发电机，因为离网型风力发电机转速是自由的。并网同步发电机的电枢绕组与三相电网连接，励磁绕组与直流电源连接，需要全功率的逆变器将直流变为交流，受大功率半导体器件制造技术水平的限制，早期大型风力发电机组无法使用。

近年来由于大功率半导体器件制造技术水平的提高，以及永磁直驱型同步发电机的技术突破，同步发电机才在大型风力发电机组上又使用起来。直接驱动永磁同步发电机与大电网中的同步发电机属于同一类型。

同步发电机是根据电磁感应原理制造的。同步交流发电机通常由两部分线圈构成：为了提高磁场的强度，一部分线圈绕在定子槽内，其线圈可输出感应电动势和感应电流，所以又称其为电枢；另一部分线圈绕在转子上。一根轴穿过转子中心，轴两端由机座轴承构成支承。转子与定子内壁之间保持均匀而小的间隙，保持灵活转动。

工作时，转子线圈通以直流电形成直流恒定磁场，在风轮的带动下转子快速旋转，恒定磁场也随之旋转，定子线圈被磁场磁力线切割产生感应电动势，发电机就发出电来。由于定子磁场是由转子磁场引起的，且它们之间总是保持着一先一后并且等速的同步关系，所以称为同步发电机。同步发电机在机械结构和电气性能上都具有许多优点。

为了达到在额定负荷范围内稳住发电机输出电压的目的，即实现在同步发电机额定负荷范围内稳定输出电压，必须通过调控转子磁场来调节同步发电机的输出电压，改善其带负载能力。

② 永磁直驱型同步发电机的特点　海上及高山风电场由于维修保养难度较大，特别适合使用故障率低的直驱型风力发电机组，其功率一般在 2～5MW。目前，低转速直驱型发电机的体积大、质量大、价格高，但市场占有率正在大幅上升，是风电行业很有发展前景的一种机型。直驱型同步发电机具有如下特点：

a. 直驱型发电机取消了齿轮箱，使传动系统部件的数量减少，没有传动磨损和漏油所造成的机械故障，减少了齿轮传动装置需要的润滑、清洗等定期维护工作，也降低了风力发电机组的运行维护成本；

b. 直驱型发电机取消了传动轴，使机组水平轴方向的长度大大缩短，而且增加了机组稳定性，同时也降低了机械损耗，提高了风力发电机组的可利用率和使用寿命，降低了风力发电机组的噪声；

c. 永磁同步发电机与电励磁同步发电机和双馈型交流发电机相比，不用外接励磁电源，没有集电环和电刷，不仅简化了结构，而且提高了可靠性和机组效率；

d. 直驱型同步发电机的外表面面积大，易散热，由于没有电励磁，转子损耗近似为零，可采用自然通风冷却，结构简单可靠；

e. 采用永磁发电技术及变速恒频技术，提高了风电机组的效率，可以进行无功补偿，采用耐温等级为军品级的电力电子器件制造的变流器，能在极端恶劣的环境下可靠工作；

f. 发电机功率因数高，其值接近或等于1，提高了电网的运行质量；

g. 由于减少了部件数量，使整机的生产周期大大缩短；

h. 低速多磁极永磁发电机采用变桨距变速恒频运行方式，使用一台全功率变流器将频率变化的风电送入电网。

永磁直驱型同步发电机组存在的缺点是：对永磁材料的性能稳定性要求较高，多磁极使发电机外径和重量大幅度增加。另外，IGBT变流器的容量较大，一般要选发电机额定功率的120%以上。

理论上直驱型风力发电机具有维护成本低、耗材少等经济可靠的优点，但在实际制造过程中，现阶段发电机本身的制造成本和控制难度都比较大，直驱型风力发电机组的售价高于双馈型风力发电机组，短期内两种技术路线并存的局面难以改变。

③ 大型直驱风力发电机的结构形式　旋转发电机的输出功率可以用公式表示为

$$P = KD2Ln$$

式中　D——转子直径；

　　　L——铁芯叠片厚度；

　　　n——转速；

　　　K——常数。

大型直驱风力发电机的风轮转速很低，要想保证发电机功率，如果转速减小，则应该按比例增加发电机长度或增大其直径。显然增大发电机直径更为经济，因为功率是按直径的二次方而不是线性增大。因此，直驱型发电机一般都有较大的直径而长度受到一定限制。但是，由于发电机直径的增大导致其形体尺寸和重量的增加，同样也会使发电机成本大幅度增加。

由于机械和热的原因很难生产出大直径的小气隙发电机，永磁同步发电机由永磁体作为磁极，不需要励磁系统，这样就可以在较大气隙下工作，并且不会产生热量。而同步发电机可以在稍大的气隙下安全可靠运行，因此直驱型风力发电机组都使用同步发电机。使用同步发电机需要全功率变流器，以便将发电机与电网解耦并实现发电机的变速运行。

大型直驱发电机结构布置形式分内转子型和外转子型，它们各有特点，已经广泛应用在风力发电机组上。

a. 内转子型　它是一种常规发电机的布置形式。采用内转子型，即风轮驱动发电机转子，永磁体安装在转子体上，发电机定子为电枢绕组，经全功率变流器与电网连接。这种形式的发电机电极绕组和铁芯通风冷却条件好，温度低，定子外径尺寸小，易于运输。直驱内转子型永磁发电机的结构如图9-3所示。

b. 外转子型风轮与发电机外转子连接，直接驱动旋转。永磁体安装在外转子体内圆周边，发电机定子电枢绕组和铁芯安装在静止轴上。这种布置，永磁体虽易于安装固定，但对电枢铁芯和绕组通风冷却不利。永磁转子直径大，不易密封防护，大件运输比较困难。直驱外转子型永磁发电机的结构如图9-4所示。

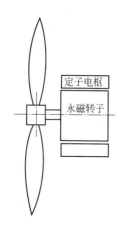

图 9-3　直驱内转子型永磁发电机的结构

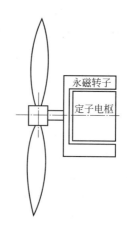

图 9-4　直驱外转子型永磁发电机的结构

④ 永磁直驱型发电机装配注意事项

a. 采用高性能的永磁体，其磁吸力极强，永磁体装配和定、转子总装时需要使用专用工装设备，要确保不伤人。还要使用导向工具，保持定、转子之间气隙的均匀性，以防止转子与定子相吸住。

b. 定子下线装配后，发电机定子装配要进行真空压力浸漆绝缘工艺处理，可以提高绝缘整体水平，增加导热性能，降低发电机定子线圈的温升。由于发电机定子直径较大，需要添置大直径真空压力浸漆设备、固化炉及烘箱和其他真空成套设备。

9.1.4　发电机的检查与维护

SL1500风力发电机组采用双馈异步发电机，将旋转的机械能转换为电能。发电机均安装在机舱的中后部，通过挠性联轴器与齿轮箱相连。发电机定子直接连接到三相电源上，转子和变频器相连。如图9-5所示。

为了避免由于潮湿、结露而对发电机造成损害，发电机绕组内埋有加热线圈。此外，在发电机内装有PT100温度传感器，检测发电机绕组的温度和发电机轴承的温度。

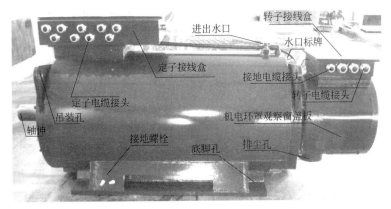

图 9-5　风力发电用发电机

发电机的检查与维护包括发电机的清洁、表面防腐、轴承润滑、碳刷的检查与更换、集电环的检查、紧固件的检查与维护、电气接线检查等。

（1）发电机的清洁

由于风力发电机的运行场所均为开放式场所，在机组长时间运行后，发电机表面会沉积一层灰尘，并且由于发电机前后端轴承油脂的溢出，发电机轴承外端盖及发电机下面的主机架上也会附着很厚的油泥，这些都需要及时地清理。对发电机而言，在运行中无疑会产生很大的热量，此热量如果无法顺利地释放出，对发电机是很不利的：一方面，由于持续的温升，发电机的绕组温度、轴承温度会达到甚至超过其安全限值而报故障，导致风机停运；另一方面，也会缩短发电机本身的寿命。

发电机内部的风扇使空气循环流动，把热量传递到电机机壳，水循环将机壳大部分热量带到机舱尾部散热器散失掉，还有一部分则要通过热辐射释放出去，如果发电机表面附着很厚的灰尘，就会严重阻碍发电机的热辐射过程，造成散热效率下降。

另外，如果发电机表面的防腐漆有脱落，还必须对发电机进行防腐处理，这也要求发电机表面非常清洁，无油污、灰尘等杂物。

因此，对发电机表面的清洁是非常必要的。

清洁步骤如下：

① 使用吸尘器或扫帚清除表面的浮尘，注意在清理浮尘时需佩戴口罩等防护用品，防止浮尘进入口中引起呼吸道不适；

② 用干净的抹布和清洁剂再次擦拭发电机表面，有油污或防冻液的地方要重点清理；

③ 将发电机前后端轴承的接油盒拉出，将里面的废油全部倒入一个废容器中（维护完后带下风机妥善处理），用抹布和清洁剂擦拭干净接油盒外表面和安装位置四周，并把接油盒恢复到原安装位置。

注意：发电机的接油盒不是插拔式的，而是螺纹旋入（顺时针）旋出（逆时针）的，在清理时需注意。

（2）发电机表面防腐检查与维护

防腐对发电机而言是一项非常必要的工作，尤其在沿海等气候比较潮湿的地区。

① 发电机防腐漆检查与维护　发电机表面清洁做完之后，仔细检查发电机表面的涂层是否有皲裂、脱落现象，如有，按要求补指定规格的防腐漆，步骤如下：

a. 将脱落的漆皮清理干净；

b. 用毛刷清理待补漆表面；

c. 用砂纸打磨待补漆表面，直至无任何油漆残渣、油污等；

d. 重新喷涂防腐漆，要求均匀、无气泡；

e. 静待 20min，补第二遍漆。

② 发电机轴伸的防腐　长时间运行后，发电机的轴伸一般会生锈，此时，需对生锈部位进行处理：

a. 用细砂纸除锈；

b. 涂抹一层润滑脂（现场操作）。

（3）发电机碳刷的检查与更换

发电机碳刷属于易磨损件，磨损严重的碳刷对发电机集电环存在着很大的安全隐患，因此及时检查发电机碳刷的磨损情况，并更换磨损严重的碳刷是非常必要的。

检查周期：风机运行一周进行第一次检查，以后每 3 个月检查一次。

检查与更换发电机碳刷的步骤：

① 用 10mm 开口扳手拆下发电机后部集电环室观察窗盖板，新式发电机只一侧有盖板，老式发电机两侧有盖板，需区别对待；

② 发电机的碳刷是用压指弹簧压紧，以保证碳刷与集电环接触良好，如图 9-6 所示，检查碳刷时，首先要将压指弹簧按图示方向向下掰开（注意上面的要反方向向上推开），然后将碳刷从刷盒中抽出，用卡尺测量碳刷的长度，如碳刷长度小于原始长度的 1/3，碳刷需要更换，一般情况下，碳刷的更换周期为 6 个月；

图 9-6　集电环室

注意：发电机碳刷初始长度为 53.5mm，发电机碳刷为 100mm，接地碳刷为 50mm。

③ 观察碳刷摩擦面是否有明显的沟痕（正常情况下摩擦面光滑洁净），如有，需进一步检查集电环相应滑道是否存在磨损、毛刺；

④ 检查碳刷是否存在裂纹，如有，需更换新的碳刷；

⑤ 检查碳刷是否有明显的坑点，如有，需更换，并检查集电环相应滑道是否有灼伤、点蚀等损伤。

新碳刷必须符合规定的型号和尺寸。碳刷的更换步骤如下：

a. 将碳刷磨出集电环面的弧度（在电机外预磨），以保证碳刷与集电环的接触面积；

b. 将碳刷装入刷握，检查碳刷导向和运动（现场有模具的情况下）；

c. 用砂纸带包住集电环（纸带宽度＝集电环宽度＋两端余量约 200mm），按电机旋转的方向将碳刷按组排列预磨，按电机旋转方向拉纸带，为加快预磨速度，开始用粗纤维、大砂粒的砂纸来粗磨，然后用细砂纸进行精磨，碳刷与滑道接触面不得少于 80%；

d. 磨完之后，用软布仔细擦净刷面，然后用刷子小心刷掉磨掉的碎屑，用手指触摸碳刷，以确认没有异物；

e. 按①～③抽出需更换的碳刷并将图示碳刷固定螺栓拧松，将碳刷彻底取下；

f. 仔细清除碳刷刷架、集电环和集电环组件表面碳粉；

g. 将磨好的碳刷一次放入刷盒并将接线端子紧固；

h. 重新盖好集电环室观察窗盖板，用螺栓固定，注意密封胶皮一定要装好。

（4）发电机集电环的检查与维护

① 按照前面的操作步骤将下部 4 个碳刷全部抽出。

② 缓慢转动发电机，观察集电环表面是否有划痕、点蚀、电灼伤、碳粉堆积等现象。在发电机使用过程中，每 3 个月需清理集电环室。拆下集电环罩两端侧板及底盖板，将底盖板上的粉尘收集并清扫干净。如果集电环表面上有尘埃或油污时，用浸汽油的抹布把尘埃、油污擦净即可。每 3 个月需拧下泄水孔螺钉，排出发电机内部的冷凝水。

③ 发电机排碳筒的紧固　检查发电机集电环室下部排碳筒是否松动，如松动，用一字螺丝刀加以紧固。

（5）检查发电机接线

① 控制柜断电。

② 用 13mm/14mm 开口扳手打开发电机定子/转子接线盒，检查接线是否松动（用手晃动发电机定子及转子各相接线）、合理（线鼻子与接线板应直接接触，之间不能有垫片、弹垫、螺母等）。如图 9-7 所示。

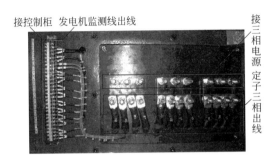

图 9-7　发电机定子接线盒

图 9-8　发电机转子接线

如定子三相接线松动，用棘轮和 19mm 加长套筒加以紧固，压实即可，防止扭断接线柱。

如转子三相接线松动，用24mm开口扳手扭紧，压实即可，防止扭断接线柱，如图9-8所示。

如转子接地线松动，用棘轮和19mm加长套筒加以紧固，压实即可，防止扭断接线柱。

③ 检查发电机电缆绝缘皮是否有磨损。

④ 检查发电机转子接线盒内是否有碳粉。如有，用毛刷、抹布清理干净。

旋紧，以固定电缆

图9-9　电缆葛兰头

⑤ 检查电缆葛兰头是否松动，图9-9所示部位需旋紧，以固定电缆。

⑥ 检查编码器接线是否松动。

⑦ 碳刷监控功能的测试　发电机碳刷监控信号接入PLC的目的，是为了当碳刷磨损到一定程度后，系统能够自动报出对应的故障代码，提示运行维护人员及时更换碳刷，从而避免因碳刷磨损而造成的集电环损坏或其他元件的损坏。

不管是哪种类型的发电机，其碳刷监控开关一般都安装在碳刷支架上，采用常闭点串联方式。当任何一个碳刷磨损到需要更换的时候，对应的监控开关断开，PLC发出警告，此时系统可以继续运行。该警告持续2880min时，PLC报故障（Err179），系统停机，等待更换碳刷。

测试碳刷监控开关的功能是否正常：

a. 控制柜上电，复位，按下急停按钮；

b. 拔出一个碳刷并将相应压指弹簧复位；

c. 查看警告菜单是否有碳刷警告war1出现，如出现，此监控开关工作正常；

d. 重新安装碳刷，相应压指弹簧复位；

e. 机组复位；

f. 拔出另一个碳刷，相应压指弹簧复位；

g. 再次查看警告菜单，是否有碳刷警告出现，如出现，此监控开关工作正常。

如此依次检查剩余监控开关，如工作都正常，则整个监控系统工作正常，如某一监控开关工作不正常，应更换监控开关。

（6）检查发电机润滑

为保证发电机轴承的使用寿命，要定期对发电机轴承进行润滑。润滑方式有自动润滑和手动润滑两种。自动润滑在发电机的日常运行中定期给发电机轴承提供润滑脂，在发电机出厂前、第一次运行前以及在自动润滑失效的情况下施行手动润滑。

① 自动润滑方式的维护

a. 对自动加脂机进行清洁。

b. 检查自动加脂机是否缺少润滑脂，如储油罐内油脂低于储油罐容积的1/3，或屏幕显示"LL"，则说明自动加脂机缺油脂，需补加油脂。如图9-10所示。

补加油脂方法：通过加脂嘴对储油罐进行补脂，且不得超出储油罐上的"max"标示。

如果储油罐完全空掉，则补脂后泵需运行较长时间后才能达到额定排量。因此，在补油后需手动启动润滑循环。

注意：不要超过最高上限，补得太满会造成储油罐爆裂。

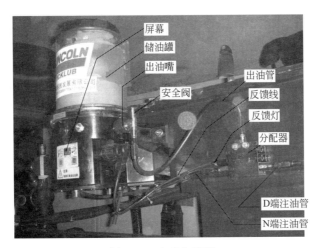

图 9-10　自动加脂机

c. 检测加脂机是否工作正常：

（a）若屏幕显示"－"，按住绿色按键 2s，启动一次注油循环，如能在 30min 以内停下来，并再次显示"－"，则自动加脂机工作正常，一般小于 1min；

（b）若屏幕显示"Er"，按住绿色按键 2s，启动一次注油循环，如能在 30min 以内停下来，并显示"－"，则自动加脂机工作正常，若还显示"Er"，重复上述过程，直到显示"－"，但此时需手动启动加脂循环；

（c）若屏幕显示"Ep"，加脂机主板损坏，需更换加脂机，并手动给发电机轴承加脂；

（d）若屏幕无显示，且按键不起作用，检查加脂机的电源（24V 输入），此时需手动给发电机轴承加脂。

通过上面的检查项目，如加脂机工作正常，检查加脂机的设置是否正确：在加脂机非注油循环，即循环信息段"－"不动，同时按住红色按键和绿色按键 2s，查看参数设置情况，若 P1 为 6，P2 为 0，P3 为 1，设置正确。

d. 检查分配器是否漏油。

e. 检查润滑管路是否存在破损现象，若有，必须予以更换。

f. 测试润滑点接头是否出油：用 8mm 开口扳手将发电机两端轴承加油管取下，运行注油循环，观察两接头是否有油挤出。

② 自动润滑失效后的手动润滑

所需工具：润滑油枪 1 把（含 G1/2 锥形润滑头），2 个 G1/2 再润滑嘴。

a. 将装满润滑脂的油枪与发电机润滑点油嘴连接，试打压，如油嘴不泄漏，进行②，反之，重新连接。

b. 电机运转时将一定数量的新润滑脂（指定型号）压入。

c. 从集油器中排除废润滑脂。

d. 加脂量　驱动侧 1500h 100g，非驱动侧 1500h 120g（**注**：永济电机驱动侧轴承和非驱动侧轴承每运行 3500h 各加脂 100g）。

（7）发电机固定螺栓检查

① 用 200～800N·m 力矩扳手检查发电机 4 个地脚螺栓，抽检力矩值见附录 2。

注意：发电机地脚螺栓规格有两种 M24 和 M30，对于不同规格的螺栓检查力矩也不同，相应检查力矩见附录 2。

② 用 60～200N·m 力矩扳手和 24mm 开口头检查发电机减振块（弹性支承）上的螺栓（M16），抽检力矩值见附录 2。

任务 9.2 发电机水冷系统的检查与维护

【任务描述】

风电机组中发电机的散热冷却方式主要采用强制风冷和水冷两种。强制风冷发电机体积庞大，使机舱内更加拥挤，其气流噪声很大，同时将相当一部分热量散发在机舱中，使机舱内温度升高，不利于机组安全工作。风电机组中的发电机采用水冷形式。

【任务目标】

了解发电机水冷系统的功能、日常定检和维护项目。

本系统用于 SL1500 风力发电机组发电机、变频器、控制柜的冷却。

9.2.1 水冷系统介绍

水冷式交流发电机利用水来进行冷却，冷却效果明显优于气强制冷却。水冷式交流发电机与风冷式交流发电机相比，内部构造复杂，防漏密封要求很高，成本也会增加。同时因水管的连接问题，安装布置也受到很多限制。但是，水冷式交流发电机的发电及低噪声性能，是风冷式交流发电机无法比拟的。

水冷系统由水泵装置、冷却器、储能器、温控阀、手动阀、压力表及连接管路等组成。水泵工作后，冷却水经发电机、变频器、冷却器构成冷却水循环回路。泵入口处的温控换向阀通过检测冷却介质的温度自动转换冷却介质流向，使冷却介质通过冷却器或不通过冷却器。水温低于 25℃时冷却介质不通过冷却器，当水温高于 25℃时温控换向阀的阀芯开始动作，一部分冷却介质通过冷却器，随着温度的逐渐升高，阀芯的开口度也逐渐增大，通过冷却器的介质流量也逐渐增大，当水温达到 30℃时冷却介质全部通过冷却器。对于流向水泵的水，在流经压力传感器时，如果压力过低，加压容器就会工作补充压力；如果压力足够，则直接流向水泵。水泵出口处设有安全阀，当冷却水压力超过设定值 0.3MPa 时，安全阀动作，用以维持系统压力的稳定。如图 9-11 所示。

9.2.2 水冷系统的检查与维护

水冷系统中冷却剂的主要成分乙二醇属有毒物质，检修前必须穿好防护服，戴好橡胶手套，如有必要还须戴上护目镜。

(1) 水冷系统的清洁

① 清洁水冷系统（包括蓄能罐、水泵电机、水冷总承、散热器、水压计以及水冷系统支架）表面污物。

② 检查下机舱罩底部是否有排水孔。如无排水孔，需用电钻钻孔，可排出机舱底部残

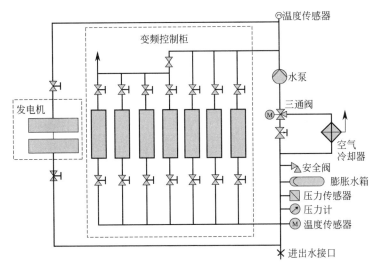

图 9-11　水冷回路图

留防冻液。

（2）检查水冷系统管路

① 检查水管连接对丝处是否渗漏。如渗漏，检查渗漏原因，如因管接头松动引起，加以紧固。如水管接头紧固没有问题，需将冷却剂全部放出，拆下水管，检查对丝密封件是否有破损，如有，更换密封件。

② 检查水管与发电机连接处是否松动渗漏。如松动，用管钳重新拧紧。

③ 检查 NCC320 柜侧面水管接头（包括与变频器冷却水管连接处）是否渗漏。此处影响较大，如果水管接头渗漏，用生料带、开口扳手、管钳等处理；如果水管本身泄漏，必须及时更换。

④ 检查水冷散热片是否渗漏，如渗漏需更换。

⑤ 检查各段水管是否有老化现象，如有老化需及时更换。

⑥ 检查水管是否与风机上其他部件之间有接触摩擦现象，如果存在，可以将此段水管摩擦部位用胶皮包好。

9.2.3　水冷系统表面防腐检查及维护

检查系统水泵、水泵电机、蓄能罐等表面的涂层是否有皲裂、脱落现象。如有，按要求补指定规格的防腐漆。

9.2.4　用冰点仪测试冷却剂的冰点

从水冷系统中放出少量冷却剂，用冰点仪测试冷却剂冰点。

9.2.5　水压补偿

① 停机，观察压力表（图 9-12）黑针示数，记录。运行水循环瞬间，观察压力表示数，如示数增大，则压力表正常。

② 停机再次检查水冷系统压力，如压力低于 0.18MPa，则需用手动试压泵向系统注入防冻液至要求值 0.18～0.22MPa。加防冻液过程中，要把排气阀打开放气，防止气体存留管道内，导致运行过程中散热效果不佳。

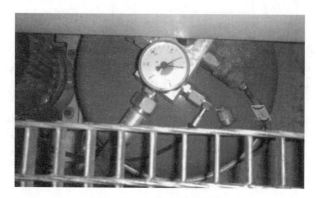

图 9-12　水冷系统水压表

9.2.6　紧固件检查

① 用力矩扳手（40～200N·m）以规定力矩紧固水冷装置固定螺栓。

② 用力矩扳手（40～200N·m）以规定力矩紧固固定水泵的螺栓。

③ 用力矩扳手（40～200N·m）以规定力矩紧固固定散热器的螺栓。抽检力矩参照附录 2。

9.2.7　检查电气线路

① 检查电气线路是否有破损，有破损需用绝缘胶带缠好。

② 检查电气线路是否都固定好，如未固定，需用绑扎带固定。

③ 检查水泵电机接线盒内电气接线是否紧固，避免出现虚接等情况。

9.2.8　检查各部件工作情况

① 检查水泵电机是否正常工作，电机转向是否与标志线方向相同，如不同须更改接线相序。

② 检查水泵工作是否正常，是否有异常噪声。

项目 10

偏航系统与塔筒定检

任务 10.1　偏航系统的检查与维护

【任务描述】

　　偏航系统是水平轴式风力发电机组必不可少的组成系统之一。偏航系统是一随动系统，当风向与主轴先偏离一个角度时，控制系统经过一段时间的确认后，会控制偏航电动机将风轮调整到与风向一致的方位。为确保偏航系统正常运行，需要对偏航系统定期检查与维护。

【任务目标】

　　① 掌握风力发电机组偏航系统的组成及工作原理。
　　② 掌握风机偏航系统进行检查维护的要领。

10.1.1　偏航系统的作用

　　偏航系统是水平轴式风力发电机组必不可少的组成系统之一。偏航系统的主要作用有两个：其一是与风力发电机组的控制系统相互配合，使风力发电机组的风轮始终处于迎风状态，充分利用风能，提高风力发电机组的发电效率；其二是提供必要的锁紧力矩，以保障风力发电机组的安全运行。

　　风力发电机组的偏航系统一般分为主动偏航系统和被动偏航系统。被动偏航指的是依靠风力通过相关机构完成机组风轮对风动作的偏航方式，常见的有尾舵、舵轮和下风向三种。主动偏航指的是采用电力或液压拖动来完成对风动作的偏航方式，常见的有齿轮驱动和滑动两种形式。

　　对于并网型风力发电机组来说，通常都采用主动偏航的齿轮驱动形式。偏航系统位于塔筒与主机架之间，由四组驱动装置、偏航卡爪、滑动衬垫和大齿圈等零部件组成，如图10-1所示。大齿圈与塔筒紧固在一起，偏航驱动装置和偏航卡爪均与主机架连接在一起，外部有玻璃钢罩体的保护，大齿圈上下布置滑动衬垫。偏航装置根据风速风向仪测得的风速风向信号，通过同步控制的四组驱动装置绕着偏航齿圈转动机舱。偏航系统设置有限位开关，能够自动解缆。

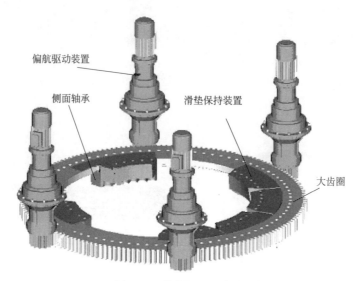

图 10-1　偏航系统示意图

10.1.2　偏航系统的组成

偏航系统一般由偏航轴承、偏航驱动装置、偏航制动器、偏航计数器、扭缆保护装置、偏航液压回路等部分组成。偏航系统的执行机构一般由偏航轴承、偏航驱动装置、偏航制动器、偏航液压回路等部分组成。偏航轴承与齿圈是一体的，根据齿圈位置不同，可以分为外齿形式和内齿形式两种，分别如图10-2(a)、(b)所示。

图10-2(c)所示为外齿形式偏航系统执行机构的安装图。风力发电机组的机舱与偏航轴承内圈用螺栓紧固相连，而偏航轴承的外齿圈与风力发电机组塔架固接。调向是通过两组或多组偏航驱动机构完成的。在机舱底板上装有盘式制动装置，以塔架顶部法兰为制动盘。

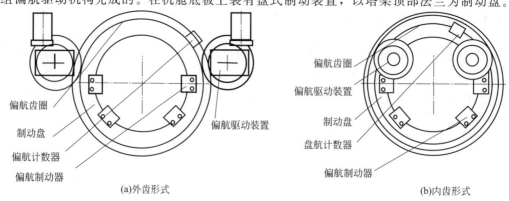

(a)外齿形式　　　　　　　　　　　　　　　(b)内齿形式

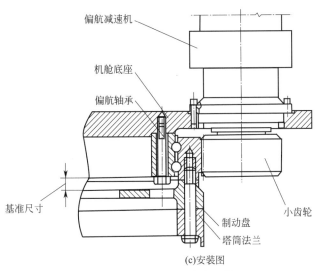

(c)安装图

图 10-2　偏航系统的执行机构

（1）偏航轴承

偏航轴承的内外圈分别与机组的塔体和机舱用螺栓连接。轮齿可采用内齿或外齿形式。外齿形式是轮齿位于偏航轴承的外圈上，加工相对来说比较简单。内齿形式是轮齿位于偏航轴承的内圈上，啮合受力效果较好，结构紧凑。偏航轴承和齿圈的结构如图 10-3 所示。

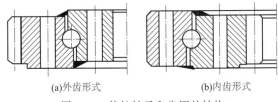

(a)外齿形式　　　　　　　　　(b)内齿形式

图 10-3　偏航轴承和齿圈的结构

（2）偏航驱动

偏航驱动用在对风、解缆时，驱动机舱相对于塔筒旋转，一般为驱动电机或液压驱动单元安置在机舱中，通过减速机驱动输出轴上的小齿轮，小齿轮与固定在塔筒上的大齿圈啮合，驱动机舱偏航。啮合轮齿可以在塔筒外，也可在塔筒内。为了节省空间，方便塔筒与机舱间人行通道，一般采取塔筒外的安置方式。图 10-4 为驱动电动机组成的偏航驱动装置。

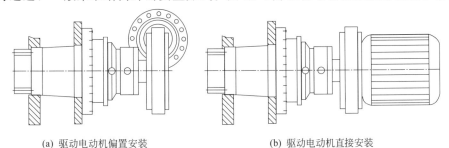

(a) 驱动电动机偏置安装　　　　　　　(b) 驱动电动机直接安装

图 10-4　偏航和变桨距驱动装置的结构

（3）偏航制动

偏航制动的功能是使偏航停止，同时可以设置偏航运动的阻尼力矩，以使机舱平稳转

141

动。偏航制动装置由制动盘和偏航制动器组成。制动盘固定在塔架上，偏航制动器固定在机舱座上。偏航制动器一般采用液压力驱动的钳盘式制动器，其外形如图 10-5(a) 所示，结构原理如图 10-5(b) 所示。由于在偏航运动和偏航制动过程中总有液压力存在，属于主动制动。制动器应设有自动补偿机构，以便在制动衬块磨损时进行自动补偿，保证制动力矩和偏航阻尼力矩的稳定。

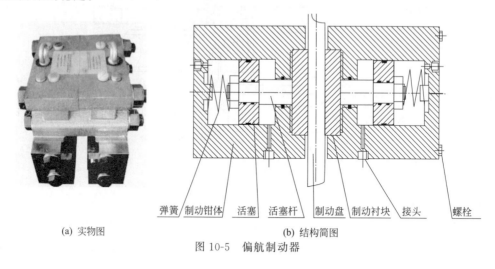

弹簧 制动钳体 活塞 活塞杆 制动盘 制动衬块 接头 螺栓

(a) 实物图　　　　　　　　　　(b) 结构简图

图 10-5　偏航制动器

10.1.3　偏航系统检查与维护

(1) 常规检查

① 检查与维护前的准备　在做检查与维护之前，首先要将偏航系统表面的灰尘、油污清理干净，以备对偏航系统做详细的检查与维护。

准备干净的抹布若干，清洗剂一瓶，16mm 开口扳手 2 把。

首先用抹布和清洗剂清理干净包括偏航驱动、侧面轴承以及与偏航驱动连接的主机架上的灰尘和油污。

用开口扳手将机舱两侧齿圈上部踏板上的 4 个 M10 螺栓拆掉，并将踏板取下放到机舱内的平台上。

② 噪声和振动检查　登录控制面板（login /＋/－/on/off），并将风机运行到服务模式（Service），分别向左（Yaw/－）、向右（Yaw/＋）偏航 180°(以初始位置计算)。

a. 将偏航齿圈用抹布和清洗剂擦干净，保证表面没有油污。

b. 检查偏航时是否有噪声，振动是否明显。

c. 清理偏航齿圈齿面杂物，检查偏航齿圈齿面是否有磨损、裂纹、断齿、点蚀等异常情况，如有异常，记录偏航齿圈编号、偏航减速机编号、机舱编号等信息。

d. 驱动小齿轮的运动会造成齿边缘有润滑脂堆积，这些油脂必须清除掉。

e. 如齿面润滑不足，用毛刷重新涂抹润滑脂（马力士 OGH）。润滑脂要求涂抹均匀，完全覆盖齿面，涂抹量以不下流为准。

f. 检查偏航卡爪上部、下部滑动衬垫和侧面滑动衬垫：

(a) 由于滑动衬垫具有自润滑性，无需加注润滑脂；

(b) 定期检查滑动衬垫的磨损情况，上下衬垫厚度必须大于 5mm；

（c）检查侧面滑动衬垫，滑动衬垫厚度必须大于 2mm；

（d）检查侧面滑动衬垫与大齿圈之间间隙，应在 0.2～0.25mm；

（e）用 13mm 开口扳手紧固扁钢固定螺栓（侧面轴承两侧）。

g. 如果偏航系统有噪声，查找噪声来源，并做记录。

噪声来源主要包括：偏航齿圈上有油污；偏航功率调整螺栓力矩不均；侧面轴承磨塔筒壁等。

③ 螺栓的检查与维护

a. 偏航齿圈/塔筒　用 3MXT 液压扳手和 60mm 套筒以规定力矩检查偏航齿圈/塔筒连接螺栓，抽检力矩参照附录 2。

b. 偏航卡爪/主机架　用 3MXT 液压扳手和 55mm 套筒以规定力矩检查偏航卡爪与主机架连接螺栓，抽检力矩参照附录 2。

c. 偏航功率的调节　偏航功率低于 4kW 或高于 12kW，机组会因偏航功率过低或过高而报故障（偏航功率过低对应 254 故障，偏航功率过高对应 120 故障），此时，需用力矩扳手和 50mm 开口扳头重新调整偏航卡爪预紧螺栓。调整方法如下：

（a）用 50mm 开口扳手完全松开侧面轴承上的 30 个锁紧螺母；

（b）如偏航功率低于 4kW，需增大偏航卡爪的扭矩值，如偏航功率高于 12kW，需减小偏航卡爪的扭矩值；

（c）如图 10-6 所示对偏航卡爪进行编号，从前向后、从左向右顺时针编号 1、2、3、4、5、6，1 与 3 为对角卡爪，2 与 6 为对角卡爪，3 与 4 为对角卡爪，每个卡爪上的预紧螺栓对应编号如图 10-7 所示；

图 10-6　偏航卡爪

（d）偏航卡爪按照对角方式，每个偏航卡爪上的预紧螺栓按图中所示标号顺序依次调整力矩值（工具：550N·m 力矩扳手，50mm 开口头。偏航功率过低的调高力矩值，偏航功率过高的全部预紧螺栓打松，再调高力矩值），调整时按照 200N·m、300N·m、400N·m、450N·m 依次调高力矩值，每调整完一遍力矩值，查看偏航功率的值是否满足要求（夏季建议功率值在 5～6kW 范围内为好，冬天建议功率值在 8～9kW 范围内为好）；

（e）用手依次带紧锁紧螺母，然后用力矩扳手将其力矩调整为 300N·m。

（2）偏航减速箱的检查与维护（以 BONFIGLIOLI 减速箱为例）

① 减速箱防腐涂层检查与维护

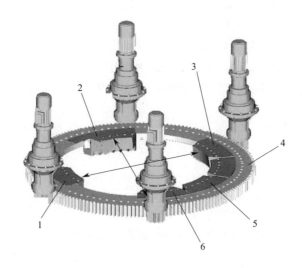

图 10-7　偏航卡爪位置编号示意图

　　a. 检查减速箱的防腐涂层是否有脱落现象，如有，用指定型号的防腐漆进行防腐处理。

　　b. 现场防腐处理的方法及操作步骤：参照第 9 章发电机表面防腐处理的方法和步骤，对需要防腐的部位进行处理。

　　② 油位检查（注意检查油位应在减速机静止状态下进行）　BONFIGLIOLI 减速箱的油位计为外置条形油位计，为透明塑料管形。其容积为 12L 左右。

　　从图 10-8 上可以看出，正常油位位于偏航减速箱上法兰面向下 94mm 处。

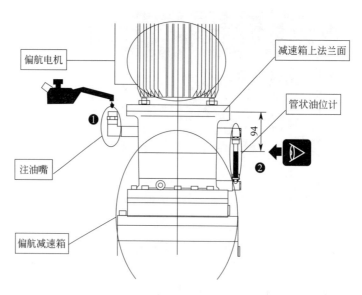

图 10-8　偏航减速箱各部位示意图

　　注意：ZOLLERN 减速箱正常油位位于圆形油位观察窗的 1/2 处，COMER 减速箱正常油位位于油位计 MAX 刻线处。

　　如果油位偏低，需重新加注指定型号的润滑油（SHELL OMALA HD 320），并检查是否有泄漏点。加注方法如下：

a. 用抹布清理干净加油嘴及其周围的灰尘油污；

b. 旋下加油塞并将其倒置于一块干净的抹布上；

c. 将油顺着加油嘴倒入减速箱内，边加油边通过油位计观察油位；

d. 当油位接近正常油位时，停止加油（可事先在正常油位处用记号笔做一标记）；

e. 将加油塞擦干净并旋到加油嘴上，拧紧；

f. 运行减速箱 5min，观察加油嘴处是否有渗漏现象，如有，加以处理。

停转减速箱再次观察油位，如油位达到正常值，加油工作结束。如未能达到要求，重复 b.～f.，直到油位满足要求。

注意： ZOLLERN 减速箱润滑油型号（SHELL OMALA HD 320），COMER 减速箱润滑油型号（SHELL OMALA HD 150）。

③ 密封检查 检查偏航减速箱的密封情况，查看偏航减速箱输出轴轴承处是否有油脂溢出，如有，将油脂擦除干净，并记录减速箱的编号、出厂日期等信息，以备厂家查询。

④ 减速箱油品更换 为了延长减速箱的寿命，必须定期对减速箱进行换油。更换过程如下：

a. 用抹布清理干净排油口及其周围的灰尘和油污；

b. 将一个空的容器接在排油口附近，以备接油；

c. 旋下加油塞并将其倒置于一块干净的抹布上；

d. 由于主机架下空间狭小，不便放一个大的容器，因此，如图 10-9 安装一个外接管，排油使用，管的另一头插入一个 15L 左右的空桶内；

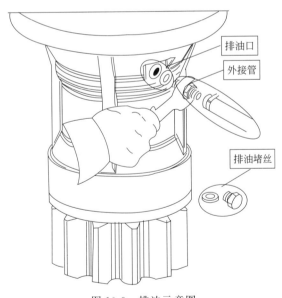

图 10-9 排油示意图

e. 将油全部顺管排出到容器内，最好在热机状态下换油，同时打开加油嘴，以便顺利将油排出，如图 10-9 所示；

f. 加入适量新油进行冲洗，以便使停留在输出端的残渣顺利排出，如气温较低，需加入事先预热过的新油进行冲洗；

g. 将排油堵丝擦净，重新安装到排油口上，旋紧；

h. 按照②中提到的加注润滑油方法加注适量指定型号的润滑油。

注意：换油周期，邦非利 3 年，ZOLLERN 5 年，COMER 1 年。

⑤ 变桨小齿轮检查与维护

a. 4 个小齿轮分别与偏航减速箱连接在一起，与同一个偏航齿圈啮合。为了使得偏航位置精确且无噪声，定期用塞尺检查啮合齿轮副的侧隙，要保证侧隙在 0.7～1.3mm 之间。

注意：ZOLLERN 齿轮箱啮合间隙为 0.7～1.3mm，COMER 齿轮箱啮合间隙为 0.3～1.2mm。若不满足要求，则将主机架与驱动装置连接螺栓拆除，缓慢转动偏航减速箱，直到得到合适的间隙，然后以规定的力矩拧紧螺栓。

b. 检查轮齿齿面的腐蚀、破坏情况，检查是否有杂质渗入齿轮间隙。如有，则立即清除。

c. 检查大齿圈与小齿轮的啮合齿轮副是否需要涂抹润滑脂。如需要，涂抹规定型号的润滑脂。

⑥ 偏航减速机/主机架连接螺栓的力矩检查　每个偏航减速机/主机架共有 12×M20 个连接螺栓，其预紧力矩值见附录 2，用 80～400N·m 力矩扳手、34mm（3/4"）套筒、200mm 加长杆对螺栓进行检查。

（3）偏航电机的检查与维护

① 机械检查

a. 分别手动左偏航和右偏航，观察 4 个偏航电机转向是否正确，转速是否平稳一致。

图 10-10　偏航电机刹车部分示意图

b. 检查偏航电机是否有噪声，如有，查找噪声来源。

c. 将偏航电机的上端盖打开，检查偏航电机的刹车是否处于常闭状态。如刹车盘周围有铁屑，将铁屑清理干净，并检查刹车盘是否磨损严重。如磨损严重，检查刹车是否工作正常（常闭状态，在偏航时刹车打开）。如图 10-10 所示。

d. 用 20～100N·m 力矩扳手、19mm 套筒检查偏航电机与偏航减速箱连接螺栓，抽检力矩值见附录 2。

② 接线检查

a. 控制柜断电。

b. 用中号十字螺丝刀将偏航电机接线盒打开。

c. 用小毛刷清理干净接线盒内的灰尘。如有水，需用抹布擦干净。

d. 检查内部接线是否松动。如松动，用 10mm 套筒和小棘轮加以紧固。

e. 重新装上接线盒盖子。

f. 依次检查其余 3 个电机接线。

g. 检查偏航系统动力、信号电缆是否有老化、破损现象。

（4）偏航计数器检查与维护

① 控制柜断电。

② 用小号十字螺丝刀将偏航计数器接线盒打开。

③ 用小毛刷清理干净接线盒内的灰尘。如有水，需用抹布擦干净。

④ 检查内部接线是否松动。如松动，用 2♯一字螺丝刀加以紧固。

⑤ 重新装上接线盒盖子。

⑥ 用 13mm 开口扳手紧固偏航计数器固定螺栓。

⑦ 分别手动顺时针偏航（＋）和逆时针偏航（－），观察偏航计数器计数状态是否正常：顺时针偏航，机舱绝对位置角度增大；逆时针偏航，机舱绝对位置角度减小。

（5）风向标检查与维护

目前机组上采用的两种风向标分别为 Thies 型和 FT 型，如图 10-11 所示。

① Thies 风速风向仪的维护　由于风速风向仪没有运动部件，因此在运行过程中不会有磨损产生，风速风向仪只需要很少的维护。

a. 判断风机偏转是否与风向关系精确。如果不是，原因可能是支架松动。

b. 用两个 17mm 开口扳手将风速仪支架固定螺栓拧松取下，放倒风速仪支架。

c. 确保风速风向仪传感器探头远离雨水，在日常检查中需要用水溶性的清洗剂和干净的抹布擦干净探头上残留的雨水。

Thies 风速风向仪　　　　FT 风速风向仪

图 10-11　风向标

d. 用 4mm 内六角将风速风向仪固定螺栓旋松，取下风速仪，检查风速仪线缆连接是否可靠，有无松动现象。如有松动，重新紧固。

e. 将风速仪装回到风速仪支架上，重新紧固内六角固定螺栓，保证风速仪安装方向正确（带红色标记的探头在机舱尾部），且无晃动现象。

f. 将风速仪支架扶直，重新固定。

g. 检查风速仪线缆屏蔽线连接是否良好。

② FT 风速风向仪维护

a. 用两个 17mm 开口扳手将风速仪支架固定螺栓拧松取下，放倒风速仪支架。

b. 检查传感器安装面与支架之间是否有腐蚀现象。如果有，查找原因并立即采取相应的补救措施。

c. 检查传感器表面是否有雷电击伤痕迹。如有，应立即更换。

d. 检查传感器空腔支承杆是否有机械损伤。如有，应立即更换。

e. 在日常的维护中，风速仪的空腔是需要特别关注的部位，用低压喷水壶或低压喷气枪清洗传感器空腔内表面。**谨记：任何情况下都不可将任何物体或手插入空腔内，因为这会对传感器造成不可修复的损伤。**用干净的抹布和清水清理传感器外表面的任何污物。

f. 检查风速仪线缆连接是否可靠，有无松动现象。如有松动，重新紧固。

g. 检查内六角固定螺栓能否继续正常使用。如不能，更换同规格的螺栓。如能，加以紧固，保证风速仪无晃动现象。

h. 将风速仪支架扶直重新固定，检查风速仪线缆屏蔽线连接是否良好。

<h1>任务 10.2 塔筒的检查与维护</h1>

【任务描述】

塔架的功能是支承位于空中的风力发电系统。塔架与基础相连接，承受风力发电系统运行引起的各种载荷，同时传递这些载荷到基础，使整个风力发电机组能稳定可靠地运行。

【任务目标】

了解塔筒的检查、维护方法。

10.2.1 简介

塔筒式塔架是应用最多的结构形式。

塔筒的内部有带攀爬保护装置的爬梯、休息平台及电缆管夹等附件。塔筒各段之间、塔筒与基础之间以及塔筒与机舱之间通过预紧螺栓连接。在每个连接法兰下方设有休息平台。

(1) 塔筒

塔筒是塔架的主体承力构件。为了吊装及运输的方便，一般将塔筒分成若干段，并在塔筒底部内、外侧设法兰盘，或单独在外侧设法兰盘，采用螺栓与塔基相连，其余连接段的法兰盘为内翻形式，均采用螺栓进行连接。根据结构强度的要求，各段塔筒可以用不同厚度的钢板。如图 10-12 所示。

图 10-12 塔筒连接方式

（2）平台

塔架中设置若干平台，为了安装相邻段塔筒、放置部分设备和便于维修内部设施。塔筒连接处平台距离法兰接触面 1.1m 左右，以方便螺栓安装。另外还有一个基础平台，位置与塔门位置相关。平台是由若干个花纹钢板组成的圆板，圆板上有相应的电缆桥与塔梯通道，每个平台一般有不少于 3 个吊板通过螺栓与塔壁对应固定座相连接，平台下面还设有支承钢梁。如图 10-13 所示。

图 10-13　塔筒内部结构

（3）电缆及其固定

电缆由机舱通过塔架到达相应的平台或拉出塔架以外。从机舱拉入塔架的电缆，进入塔架后经过电缆卷筒与支架。电缆卷筒与支架位于塔缆，通过支架随机舱旋转，达到解缆设定值后自动消除旋转。安装维护时应检查电缆与支架间隙，不应出现电缆擦伤。经过电缆卷筒与支架后，电缆由电缆梯固定并拉下。

（4）内梯与外梯

内梯与外梯用于管理和维修人员登上机舱。外梯有直梯和螺旋梯两种。

10.2.2　塔筒的检查维护

（1）非紧固件的检查维护

① 检查塔筒内是否有污物。如有，应及时清理干净。

② 检查塔基控制柜安装螺栓是否松动。

③ 检查塔基控制柜底部密封是否完好，用透明玻璃胶对进线口进行密封。

④ 目检塔筒门外梯子，确保正常。

⑤ 检查塔门是否完好。如有损坏，及时通知业主修理。

⑥ 检查塔筒各涂漆件是否有油漆脱落现象。如有，及时通知业主协调解决。

⑦ 检查塔筒照明是否正常，及时修复、更换各老化、损坏的电气元件，确保电气系统各元件工作正常。

⑧ 仔细检查钢丝绳和安全锁扣，确保钢丝绳拉紧、稳固，安全锁扣结构正常，没有

损坏。

⑨ 检查灭火器支架外形结构是否正常，灭火器是否在有效使用日期内。如有问题，应及时修理或更换，属于业主提供的通知业主进行更换。

⑩ 确保救助箱内物品完整。如有缺少部分，应及时补充。

⑪ 检查各段平台，注意护栏、盖板，如有变形或损坏应及时修复或更换。

⑫ 检查塔筒法兰处的接地线，确保接地正常。

⑬ 检查塔筒内电缆有无下坠现象。

⑭ 检查塔筒内接线盒是否牢固。

（2）焊缝检查

目检塔筒中的焊缝，如果在随机检查中发现有焊接缺陷，则必须做标记和记录。如果下次检查发现长度有变化，则必须进行补焊。

要注意塔筒法兰和筒体之间过渡处的横向焊缝检查以及门框和筒体之间过渡处的连续焊缝检查。

（3）紧固件检查

① 检查法兰连接螺栓　以规定的力矩检查连接各段塔筒法兰间的螺栓，检查力矩值见附录2。

② 塔筒附件螺栓

a. 检查门外梯子、塔筒门安装螺栓是否松动。

b. 检查固定各层平台的螺栓是否松动。

c. 检查塔筒附件安装螺栓是否松动，塔筒附件包括电缆夹、电缆改向装置、电缆管支架。

附录

附录 1　SL1500 风力发电机组润滑油、润滑脂、防冻液一览表

部件名称	润滑油/润滑脂/防冻液型号	用量
发电机轴承	Kluber plex BEM41-132	1310g/年
	Shell Albida EMS2	前后轴承各 150g/3500h
	Kluber plex BEM41-132	前轴承 150g/1500h,后轴承 200g/1500h
齿轮箱	Shell HD320	容量约 660L(投运后 3 个月化验,以后每半年化验一次,每 3 年换油一次)
	Shell HD320	容量约 440L(投运后 3 个月化验,以后每半年化验一次,每 3 年换油一次)
	Shell HD320	容量约 600L(投运后 3 个月化验,以后每半年化验一次,每 3 年换油一次)
变桨齿圈	马力士 OGH	合计 5kg/年
偏航齿圈	马力士 OGH	
水冷系统	Freezeguard OAT-45℃	75L(更换周期 2 年)
	Freezeguard OAT-45℃	85L(更换周期 2 年)
	Freezeguard OAT-45℃	95L(更换周期 2 年)
制动器液压系统	Shell Tellus T46	4L(更换周期 1 年)
制动器液压系统（低温型）	Shell Tellus T32	4L(更换周期 1 年)

续表

部件名称	润滑油/润滑脂/防冻液型号	用量
变桨轴承	Mobilith SHC 460	1.6kg/年
	Fuchs Gleitmo 585k	0.6kg/年
	Mobilith SHC 460/ Fuchs Gleitmo 585k	2kg/年
变桨减速箱	Shell Omala HD320(原装)/ Mobilgear SHC XMP320	容量4.5L(更换周期5年)
	Shell Omala HD320(原装)/ Mobilgear SHC XMP320	容量6L(更换周期5年)
偏航减速箱	Shell Omala HD320(原装)/ Mobilgear SHC XMP320	加油量根据游标指示(约5L 更换周期5年)
	Shell Omala HD320(原装)/ Mobilgear SHC XMP320	加油量根据游标指示(约6L 更换周期5年)

附录2　螺栓力矩表

叶片及轮毂部分					
序号	名称	规格	数量	要求力矩	备注
1	叶片螺栓	M30	3×54	34m/1100N·m 38m/1250N·m	50mm
	叶片螺栓	M30	3×54	1250N·m	50mm
2	变桨轴承/轮毂螺栓	M30×290	3×48	1430N·m	46mm套筒
3	轮毂/主轴螺栓	M36×370	18	2300N·m	60mm套筒
		M36×310	30	2300N·m	
		M36×380	48	2300N·m	ZOLLERN
4	变桨减速箱/轮毂螺栓	M12	3×12	80N·m	19mm套筒
5	变桨控制柜/轮毂螺栓	M16×70	3×4	190N·m	24mm套筒

齿轮箱					
序号	名称	规格	数量	要求力矩	备注
1	夹紧法兰/主机架螺栓	M48×440	28	3800N·m	75mm套筒
2	楔块/夹紧法兰螺栓	M30×180	28	1420N·m	46mm套筒
3	楔块/主机架螺栓	M48×440	16	6300N·m	75mm套筒
4	转子锁装置螺栓 (DHI齿轮箱)	M16×50	3	190N·m	24mm套筒
		M16×65	1	190N·m	

齿轮箱本体螺栓									
规格	M12 8.8	M12 10.9	M16 8.8	M16 10.9	M20 10.9	M24 8.8	M24 10.9	M30 10.9	M36 8.8
力矩/ N·m	75	107	180	230	520	620	890	1750	2150

续表

联轴器

序号	名称	规格	数量	要求力矩	备注
1	联轴器/制动盘螺栓	M20×90	6	490N·m	30mm 套筒
2	联轴器/发电机侧收缩盘螺栓	M20×90	6	490N·m	30mm 套筒
3	联轴器本体螺栓	M20×85	12	490N·m	30mm 套筒
4	发电机侧收缩盘螺栓	M16×40	20	250N·m	24mm 套筒
5	齿轮箱侧收缩盘螺栓	M16×40	20	250N·m	24mm 套筒
		M16×35	10	250N·m	

制动器

序号	名称	规格	数量	要求力矩	备注
1	制动器/齿轮箱螺栓	M36×370	2	2380N·m	60mm 套筒

发电机

序号	名称	规格	数量	要求力矩	备注
1	发电机减振器/发电机底座螺栓	M16×30	4×4	190N·m	24mm 套筒
2	发电机地脚/发电机减振器螺栓	M24×120	4	550N·m	36mm 套筒
		M30×120	4	690N·m	46mm 套筒

主机架

序号	名称	规格	数量	要求力矩	备注
1	发电机底座/主机架螺栓	M30×160	24	1520N·m	46mm 套筒
2	主机架前部悬臂/主机架螺栓	M20×50	18	385N·m	30mm 套筒
3	主机架尾部悬臂/主机架螺栓	M12×90	20	77N·m	部分机组无此螺栓

偏航系统

序号	名称	规格	数量	要求力矩	备注
1	偏航卡爪/主机架螺栓	M36×210	36	1920N·m	55mm 套筒
2	偏航减速箱/主机架螺栓	M20×80	48	390N·m	30mm 套筒
3	偏航卡爪预紧螺栓锁紧螺母	M33	36	300N·m	50mm 套筒
	偏航噪声及偏航功率调整方法:旋松锁紧螺母并将所有预紧螺栓打松,然后手动带紧预紧螺栓,并用扳手将每个螺栓旋转4个面,最后根据偏航功率大小做微调。				

塔筒部分

序号	名称	规格	数量	要求力矩	备注
70m塔高	基础环法兰/下段塔筒法兰螺栓	M36×280	128	2800N·m	60mm 套筒
		M39×285	128	3500N·m	65mm 套筒
	下段塔筒法兰/中段塔筒法兰螺栓	M36×260	112	2800N·m	60mm 套筒

续表

塔筒部分					
70 m 塔高	中段塔筒法兰/上段塔筒法兰螺栓	M36×230	96	2800N·m	60mm 套筒
	上段塔筒法兰/机舱法兰螺栓	M36×220	88	2700N·m	60mm 套筒
65 m 塔高	基础环法兰/下段塔筒法兰螺栓	M36×270	144	2800N·m	60mm 套筒
		M39×280	126	3500N·m	65mm 套筒
	下段塔筒法兰/中段塔筒法兰螺栓	M36×250	132	2800N·m	60mm 套筒
		M36×250	112	2800N·m	60mm 套筒
	中段塔筒法兰/上段塔筒法兰螺栓	M36×200	116	2800N·m	60mm 套筒
		M36×220	96	2800N·m	60mm 套筒
	上段塔筒法兰/机舱法兰螺栓	M36×220	88	2700N·m	60mm 套筒
		M36×220	88	2800N·m	60mm 套筒

附录3　联轴器同心度调整方法

（1）拆除联轴器、刹车盘罩子。

（2）安装激光对中仪（附图1）

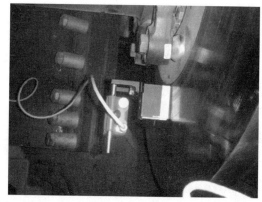

附图1

a. 用链条将 V 形架固定在发电机轴上，用手紧固螺栓，不要过于紧，V 形架不松动即可。将导杆安装在 V 形架上并紧固。将 TD-M 单元安装在导杆上。

b. 扩展支架和磁力座，将 TD-S 单元安装到制动盘上。

c. 将 TD-S 与 TD-M 和主显示器连线。

（3）打开显示器电源，如附图2所示。

（4）在主菜单中按水平机器轴对中开始程序 ⬚。

（5）调整两个激光发射器上的蓝色螺钉，使激光发射器发出的激光正好打在对方的靶心上。调整好后打开激光接收窗。如附图3所示。

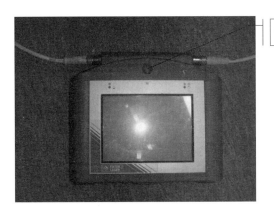

电源按钮

附图 2

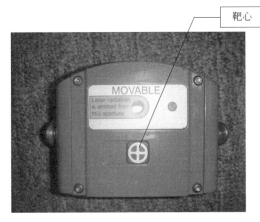

靶心

附图 3

（6）进入应用设定选择测量方法和进行其他设置 ⌨ 。

（7）选择时钟测量法 ⊕ 。

输入 A、B、C 三个数值。

　A　两个激光发射器安装杆中心线之间的距离。

　B　安装在发电机轴上的激光发射器 TD-S 单元安装杆中心线到发电机前地脚螺栓中心的距离。

　C　发电机前后地脚螺栓中心之间的距离。

（8）打开制动器，旋转制动盘，将激光发射器旋转到 9 点钟位置。当快要接近 9 点钟位置时，屏幕上发电机水平仪会出现一个黑点，此时慢慢旋转，必须使此黑点处于中间位置，如附图 4 所示。稍等片刻，待出现测量数值时按一下 ⊙ 确认。

（9）待 ⊙ 图标消失，出现 ↶ 图标，开始旋转制动盘，将激光发射器旋转到 3 点钟位置。稍等片刻，待出现读数时按下确认图标 ⊙ 。

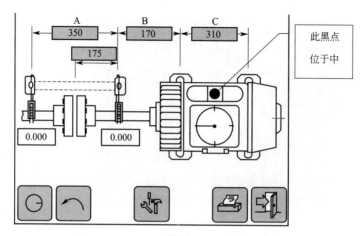

附图 4

此时激光对中仪就可以计算出水平方向的角度误差和径向误差，并反映出发电机前脚与后脚的调整量，如附图 5 所示。

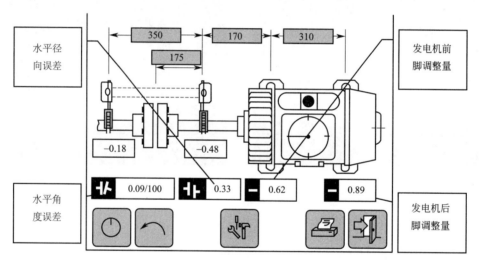

附图 5

比较发电机前后地脚的调整量，哪一个数值大就先调整哪个地脚。前后地脚不能同时调整。调整前地脚时，必须保证后面两个减振块上四个螺栓中必须有两个（外侧）是在拧紧状态。调整后地脚时，同样必须保证前地脚每个减振块上有两个螺栓（外侧）拧紧，对角也可。

如附图 5 所示，发电机后地脚的调整量大，则先调整后地脚。用套筒将发电机后地脚两个减振块与发电机吊挂之间的连接螺栓拧松，并旋出 10mm 高。

用调发电机的专用工具和千斤顶将发电机顶起，直到减振块下平面完全离开发电机吊挂并有 2～3mm 的距离。如附图 6 所示。

观看地角螺栓要调整的数值，如果数值前面是负号，则你面对风轮方向，将发电机向右侧调整。即调整专用工具左侧的顶丝，向右顶发电机。如调整数值前面是正号，则向左侧调整发电机。调整时观看激光对中仪上读数的变化，你会发现调整量数值在变小，角度误差和径向误差也在变小。如果前后地角螺栓的调整量不是很大，则可以一次将其调整到零。如果前后地角螺栓的调整量很大，就需要分几次来调整。例如，如果后地角螺栓的调整量为+1.5，前地脚螺栓的调整量为+1.2，那么你可以先调整后地脚螺栓，将其值调整到0.9，再调整前地脚螺栓，将其误差调整到0.6，再调整后地角螺栓值到0.3。如此重复几次，最终将水平角度误差和径向误差调整到允许范围内。角度误差允许范围0.03/100，径向误差允许范围0.3。

调发电机
专用工具

附图6

调整完后将所有减振块上的螺栓拧紧。

注意： 调整时，如调整前地脚，必须保证后地脚每个减振块上有两个螺栓是上紧的。

水平方向调整完后，旋转制动盘，将激光发射器调整到6点位置，稍等待出现数值后按下确认图标。此时激光对中仪便可以计算出竖直方向的误差，如附图7所示。

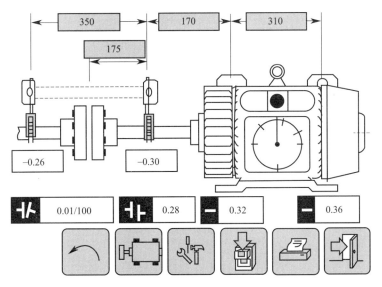

附图7

注意： 当激光发射器快要达到6点位置时，必须慢慢旋转使屏幕上出现的黑点处于中心位置，如附图7所示。旋转时要向一个方向旋转，以消除齿隙。

比较发电机前后地脚的调整量，哪个值大先调整哪个。调整时，先用36的套筒将地脚螺栓松开，并旋出10～15mm高，用千斤顶将发电机顶起。如果调整量前面是"+"号，说明地脚过高，应向下降，则用手顺时针旋转减振块上的花盘螺钉。如果调整量前面是"—"号，则说明地脚太低，应逆时针旋转花盘螺钉。如附图8所示

注意：每次调整花盘螺钉时，要保证发电机两个地脚减振块上花盘螺钉旋转的量是一致的，并且平行于齿轮箱法兰面方向上的两颗花盘螺钉高度一致。

花盘螺钉

附图8

调整后将发电机落下来，观看激光对中仪上的值是否在误差允许范围内，角度误差0.03/100，径向误差0.03。如果没有达到误差范围，则重复上述操作，直到满足要求为止。

（10）按下保存图标 ，保存测量数据。

（11）重新测量，以校核测量结果。

（12）给地脚螺栓打力矩。M24的螺栓力矩为550N·m，M16的螺栓力矩值为190N·m。

（13）拆除激光对中仪，安装刹车盘与联轴器罩子。

调中要点如下。

（1）在发电机轴对中调整的整个过程中，不允许身体任何部位触碰到激光发射单元，以免严重影响测试精度。

（2）如果数据显示栏没有任何数据显示，应注意查看激光接受视窗是否接收到对面发射过来的激光，通过激光点的偏移可以判断出发电机的倾斜方向。

（3）在标准三点法的测试过程中，教材上给出的三点分别为3点钟、9点钟、12点钟。但是由于制动器安装位置的影响，TD-S单元不能到达12点方向，所以取6点钟代替12点钟方向。但使用由此测试出的数据是反向的。

（4）关于方向问题：取机舱内面向轮毂方向为正方向，左手侧为机舱左侧，右手侧为机舱右侧。为了工作方便，习惯站立于机舱右侧，面向机舱左侧进行操作，此时操作屏上显示的图像正好是反的（联轴器处于发电机后侧）。

（5）关于水平方向与垂直方向：当操作屏上所显示的发电机只有下面两个地脚时，操作屏上显示的图像为测视图，可以假想此时是站在发电机的侧面看发电机，此时出现的测量数据是在垂直方向上的调节量；当操作屏上所显示的发电机有四个地脚时，操作屏上显示的图像为俯视图，可以假想此时是站在发电机的上面向下看发电机，此时出现的测量数据是在水平方向上的调节量。

注意：标准三点法进行测量时，调整数据不是可实时跟踪的，而且，当第3个点测量完毕时，在进行水平与垂直方向上的切换时，其所显示的数据都为垂直方向上的误差。

参 考 文 献

［1］ 王丽芬．机电设备维修与安装［M］．北京：机械工业出版社，2018．

［2］ 张翠凤．机电设备诊断与维修技术［M］．第3版．北京：机械工业出版社，2017．

［3］ 晏初宏．机械设备修理工艺学［M］．北京：机械工业出版社，2013．

［4］ 邵联合．风力发电机组运行维护与调试［M］．第2版．北京：化学工业出版社，2014．

［5］ 邹振春．风力发电机组运行与维护［M］．北京：机械工业出版社，2017．

［6］ 任清晨．风力发电机组工作原理和技术基础［M］．北京：机械工业出版社，2010．

［7］ 马宏革．风电设备基础［M］．北京：机械工业出版社，2013．